メカトロ・シリーズ

**モータの回るしくみから
センサレス駆動，正弦波駆動，ベクトル制御まで**

ブラシレス
DCモータの
ベクトル制御技術

江崎 雅康 著

CQ出版社

はじめに

　筆者は小学校6年生の理科の実験でDCモータの組み立てを体験しました．界磁も電機子もエナメル線を巻いて作る本格的な電気工作でした．エナメル線の巻き方が悪かったり，ブラシ（整流子）の接触不良を直したりして，やっと回った時の感激は今でもよく記憶しています．

　200年近い歴史を持つモータは古典的とも言える技術で，たいへん地味な存在です．しかしモータは今日なお多くの改良が続き，人間の生活と産業界を支える要素技術として重要な地位を占めています．

　原子力発電の是非をめぐって世論が二分し，節電が大きな社会的課題になっています．みなさん，国内総電力消費量9,996億kWhの57.3％（2005年統計）をモータが消費していることをご存知ですか．照明分野では白熱電球や蛍光灯をLED照明に置き換える節電の取り組みが始まっています．しかし，いちばん効果的な省エネは，モータの節電であることが統計資料より明らかです．

　エアコンの設定温度を上げたり，打ち水とヘチマの日除け棚，団扇で暑さをしのぐ節電も大切ですが，限界があります．快適さを損なわない節電ができたら，素晴らしいことでしょう．

　現在，国内でもっとも多く使われているのはインダクション（誘導）モータですが，ブラシレスDCモータに置き替えると，10％～50％の効率改善が期待できるとされています．

　家庭分野ではエアコンや冷蔵庫の消費電力が大きな比重を占めていますが，現在，エアコン，冷蔵庫，ドラム型洗濯機を中心にブラシレスDCモータの採用が急速に広がっています．またEV（電気自動車）やハイブリッド車に採用されているのもブラシレスDCモータです．

　本書はモータが回るしくみの解説から始めて，最新のブラシレスDCモータのベクトル制御技術までをわかりやすく解説します．

　最新のマイコンは，時計の針がカチッと時を刻む1秒間に9桁の加減算，掛け算を5千万回行うことができます．「ブラシレスDCモータのベクトル制御」はこのマイコンのパワーをフルに使って行う制御方式です．

　本書は電気・電子技術分野の技術者向けに執筆したものですが，「環境・エネルギー問題の時代」に生きるすべての国民のみなさんに手に取っていただきたいと考えて執筆しました．ベクトル制御の難しい数式はともかく，最新のブラシレスDCモータのベクトル制御技術の概要を理解いただくだけで，ひょっとすると世の中の見方が変わるかもしれません．

　家電量販店の冷蔵庫売場で，疑問に思われたことはありませんか．同じ大きさの冷蔵庫で年間電気料金の表示額が2倍以上違う製品が並んでいます．冷蔵庫の断熱やドアの構造の違いもありますが，いちばん大きな違いはコンプレッサ用のモータです．

　日本国内では「インバータ・エアコン」はそれほど新しい用語ではありません．しかし1980年代のインバータ・エアコンは誘導電動機（インダクション・モータ）のインバータ制御でした．1990年代以降はブラシレスDCモータのインバータ制御になり，その内容が大きく変わっています．

　電気量販店の店頭でルームエアコンを選択する視点が変わったり，EVやハイブリッド車を選択する時の判断基準が増えたり，ちょっぴり技術者の視点から物が見えるようになるかもしれません．

　本書の企画は2009年7月，筆者がベクトル・エンジン搭載ARM Cortex-M3マイコンTMPM370のES（Engineering Sample）に出会った時にはじまり，4年近くの歳月が流れました．本日，刊行にこぎつけることができたのは，メーカ（東芝）担当者の御協力とCQ出版社担当者の尽力の賜物です．日常業務に押し流されそうになる筆者を忍耐強く叱咤激励し続けて下さったCQ出版社編集担当者には頭が下がる思いです．記して感謝の意を表します．

2013年4月

目次

省エネ，長寿命，高信頼性に応える

第3章　ブラシレスDCモータの特徴と動作原理 ── 江崎 雅康　35

センサレス駆動，正弦波駆動を採用する

第4章　ブラシレスDCモータの駆動方式の進化 ── 江崎 雅康　53

電流がロータに及ぼす力を最大限回転トルクとして発揮させる

第5章　ブラシレスDCモータのベクトル制御理論

小柴 晋／江崎 雅康　**71**

ベクトル・エンジン内蔵マイコンTMPM370を使用した
第8章　ブラシレスDCモータのベクトル制御開発プラットフォーム
──────────────────────── 江崎 雅康　**129**

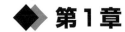

◆ 第1章

環境とエネルギー問題が注目される時代

モータ技術は戦略技術となった！

江崎 雅康

1-1 200年近くの歴史をもつモータ技術は 人間の生活と産業を支える重要基盤技術

　はじめてモータの原形が発明されたのは19世紀の前半です．マイケル・ファラディ（Michael Faraday，英国）は1821年，ファラディのモータ（Faraday Motors）と呼ばれる最初の電動機（Electric Motors）を発明しました．

　実用的な整流子式直流電動機はイギリスの科学者ウィリアム・スタージャンが1832年に発明，続いてアメリカのトーマス・ダヴェンポートは商用利用可能な整流子式直流電動機を開発し，1837年に特許を取得しました．

　200年近い歴史をもつモータ技術は，たった40年あまりのマイクロプロセッサ技術や最新のインターネット技術にくらべると，古典的とも言える技術です．コンピュータやネットワーク関連の技術が急速な進歩を遂げて注目を集める中にあって，モータ技術はたいへん地味な存在です．

　しかしモータ技術は今日なお多くの改良が続けられ，人間の生活と産業界を支える要素技術として重要な地位を占めています．

1-2 全電力消費量の57.3%はモータが消費する …節電のカギを握るモータ制御技術

　原子力発電の是非をめぐって世論が二分する中，節電が大きな社会問題になっています．**図1-1**は電力使用機器別の電力消費量の統計です．少々古い統計ですが，現在の状況とあまり変わらないと思われるので，あえて掲載しました．なんと国内総電力消費量9,996億kWhの57.3%をモータが消費しています．

　図1-2 (a)〜(c)はこの消費電力を分野別に見た統計です．モータの消費電力は，

産業（製造業）分野	2,949億kWh	69.0%
業務分野	1,643億kWh	56.6%
家庭分野	1,140億kWh	40.4%

を占めています．

　照明分野では白熱電球や蛍光灯をLED照明に置き換える節電の取り組みが始まっています．しかし，いちばん効果的な節電はモータの節電であることは明白です．

　エアコンの設定温度を下げたり,打ち水とヘチマの日除け棚,団扇で暑さをしのぐ節電も大切ですが,限界があります.モータの効率を上げることによる節電は技術者に課された課題です.

1-3 エアコン,冷蔵庫,ドラム型洗濯機から急速に進みつつある ブラシレスDCモータのベクトル制御技術の導入

　図1-2(c)に示すように,家庭分野ではルームエアコン,冷蔵庫の消費電力が大きな比重を占めています.1990年頃まではルームエアコン,冷蔵庫,洗濯機,掃除機など家庭内の回転する電化製品のほとんどに誘導電動機(インダクション・モータ)が使われていました.

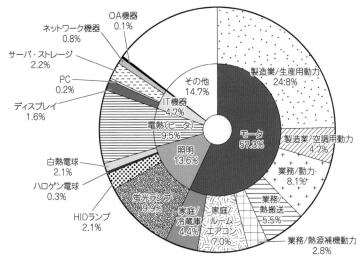

「産業(製造業)+業務+家庭」国内電力消費総量:9,996億kWh

〈図1-1〉[(1)]
電力消費量の統計(2005年)

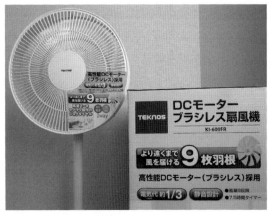

〈写真1-1〉ブラシレスDCモータ採用の扇風機
(従来の誘導電動機型の扇風機とくらべて約1/3の消費電力)

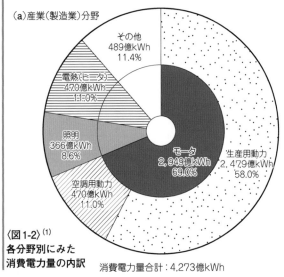

(a)産業(製造業)分野

〈図1-2〉[(1)]
**各分野別にみた
消費電力量の内訳**　消費電力量合計:4,273億kWh

　しかし1990年代以降，ルームエアコン，冷蔵庫，ドラム型洗濯機を中心に，ブラシレスDCモータのベクトル制御技術が急速に導入されつつあります．

　日本国内では「インバータ・エアコン」はそれほど新しい用語ではありません．しかし1980年代のインバータ・エアコンは誘導電動機のインバータ制御，1990年代以降はブラシレスDCモータのインバータ制御と，その内容が大きく変わっています．

　家電量販店の冷蔵庫売場に行って，疑問に思われたことはないでしょうか．同じ大きさの冷蔵庫で年間電気料金の表示額が2倍以上違う製品が並んでいます．冷蔵庫の断熱やコンプレッサの違いもありますが，いちばん大きな違いはモータの効率です．

　写真1-1は，本書執筆中に家電量販店で見つけた扇風機の新製品です．「電気代　約1/3」という大胆なキャッチ・コピー，ここにも従来の誘導電動機に代わってブラシレスDCモータが使われています．

　現在，ブラシレスDCモータの採用はエアコン，冷蔵庫，ドラム型洗濯機など，比較的高額の家電製品から進んでいます．これは従来の誘導モータとくらべてブラシレスDCモータが高価なためです．今後，省電力志向がより強くなり，モータのコストダウンが進むと，扇風機からジューサ，洗濯機，掃除機などの商品へもブラシレスDCモータの採用が進むことは容易に想像できます．

1-4 モータ制御の新しい流れ
…誘導電動機からブラシレスDCモータのベクトル制御へ

　モータの何が新しくなったのか，ひとつは，「誘導モータからブラシレスDCモータへ」の変化です．ブラシレスDCモータはBLDCモータ（Brushless Direct Current Motor）と呼ばれることもあります．従来のDCブラシ・モータからブラシがなくなったのがブラシレスDCモータです．当初は矩形波駆動が一般的でした．

　振動を抑えるために「正弦波駆動」，位置検出のためのホール素子をなくした「センサレス駆動」，そ

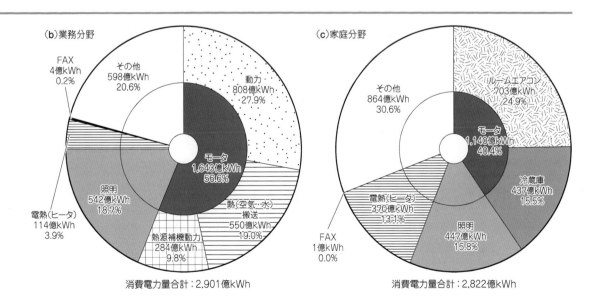

してコイルに流れる電流を最大限まで回転トルクに変える「ベクトル制御」と，次々に新しい技術が開発されてきました．

　PMSM（Permanent Magnetic Synchronouse Motor；永久磁石同期電動機）という言葉が使われることもありますが，現在では，これもほぼ同じ意味と考えて差し支えないでしょう．本書ではブラシレスDCモータという用語を使います．

1-5 本書のねらい…DCブラシ・モータの解説から 最新のブラシレスDCモータのベクトル制御技術までをわかりやすく解説

　本書のねらいは，ブラシレスDCモータのベクトル制御をわかりやすく解説することです．そのために**第2章**では**写真1-2**に示す田植え後の除草を行うアイガモ・ロボットの話題を交えながら，DCブラシ・モータの動作原理について詳細に説明します．

　第3章では矩形波駆動のブラシレスDCモータの仕組みを説明します．ブラシレスDCモータはロータの回転に合わせて電流を切り替えるブラシを，トランジスタ，FETなどの電子スイッチング素子に置き換えたモータです．長寿命でノイズやダスト（ほこり）が少ないのが特徴です．

　次の**第4章**では，ブラシレスDCモータの技術進歩のあとをたどりながら，正弦波駆動，センサレス駆動などの技術について解説します．従来の矩形波駆動のブラシレスDCモータにくらべて，正弦波駆動は回転が滑らかで振動や騒音が少ないという特徴があります．センサレス駆動はブラシレスDCモータのロータ位置検出用のホール素子をなくし，駆動コイルに発生する誘導起電力からロータ位置を検出する技術です．

　第5章でブラシレスDCモータのベクトル制御技術の基本を解説します．**第6章**，**第7章**ではベクトル・エンジンを搭載したマイコンTMPM370を紹介し，ベクトル制御の実際をハードウェアおよびソフトウェア両面から具体的に解説します．

　第8章では，ベクトル・エンジンを搭載したARM Cortex-M3マイコンTMPM370を使った「ブラシレスDCモータのベクトル制御開発プラットフォーム」を紹介します．ブラシレスDCモータのベクトル制御は32ビット・マイコンの処理能力をフルに使う高度な制御技術です．

　TMPM370を使うと開発は比較的容易になりますが，開発経験がない技術者が1，2か月で開発できる技術ではありません．ベクトル制御開発プラットフォームは開発の第1段階を手助けする道具立てです．

　第9章では位置決めサーボ制御基板の設計例を紹介します．TMPM370を使って200W～500Wクラスのモータを制御可能な，軽くて強力な位置決めサーボ基板を紹介します．**写真1-3**に示すサーボ基板を**写真1-4**のロボットに組み込んで，評価実験を行っています．

1-6 ブラシレスDCモータのベクトル制御技術の展開は家電製品にとどまらない …EV時代の自動車，鉄道，製造業の生産用動力，空調用動力へと広がりつつある

　従来から自動車には多くのモータが使われていました．EV（電気自動車）時代に入ると，モータはエンジンに替わる重要な基盤技術になりました．モータの効率は電気自動車の燃費と連続運転可能な距離を左右するからです．強い起動トルク，振動がなく静かなモータ駆動はEV（電気自動車）の性能競争のキー・テクノロジです．

〈写真1-2〉アイガモ・ロボット（岐阜県情報技術研究所提供，強力なキャタピラの動きで田植え後の除草を行う）

〈写真1-4〉
T370POS基板を実装した
全長2mのHAJIMEロボット33号

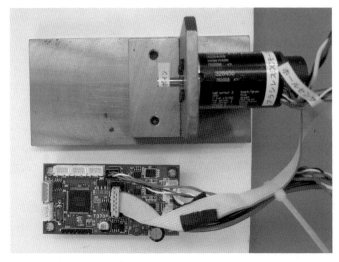

〈写真1-3〉
製作した位置決めサーボ制御基板
T370POS（ベクトル・エンジン内蔵のマイコン
TMPM370を使って軽量化，小型化，強力パワ
ー制御を実現）

　東京メトロ銀座線では，PMSM（永久磁石同期電動機）を搭載した車両を2007年9月より営業運転に投入し，営業線における走行データの採取が行われました．その結果，従来の誘導電動機と比べて

　　　消費電力量の低減率　　　　　　6.8%
　　　騒音の改善（65km/時）　　　86.7 dBA（誘導電動機）→85.0 dBA（PMSM）

と，効果が確認されています[2]．今後，鉄道をはじめとする交通・輸送機関のモータにもブラシレスDCモータの導入が進むことが期待されています．

　図1-2（a）に示した産業（製造業）分野のモータ消費電力は69.0％と大きな比率を占めています．**図1-3，図1-4**は経済産業省の資料「三相誘導電動機の現状について」よりの引用ですが，三相誘導電動

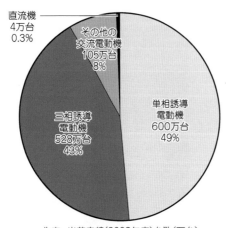

生産・出荷実績（2008年度）台数（万台）

出展：経済産業省生産動態統計（2008年度）

〈図1-3〉[3]　3相誘導電動機の国内以上の現状―生産出荷実績
（台数ベース）

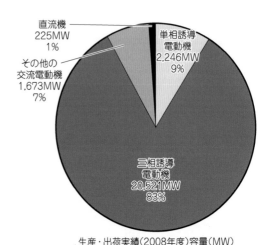

生産・出荷実績（2008年度）容量（MW）

出展：経済産業省生産動態統計（2008年度）

〈図1-4〉[3]　3相誘導電動機の国内市場の現状―生産出荷実績
（容量ベース）

機および単相誘導電動機の国内生産・出荷実績（2008年度）として，

　　台数ベース　　　　　1,128万台（92％）

　　容量ベース　　　　　22,767MW（92％）

という統計値があります．

　このうち，三相誘導電動機だけで消費電力量は日本の産業部門の消費電力量の75％，消費電力量全体の約55％を占めるとされています．この莫大な電気エネルギーがポンプ，送風機，圧縮機などの多様な用途で使用されているのです．

　技術上の課題，設備コストの問題などがありますので，「これらの誘導電動機をブラシレスDCモータに置き換えれば○○％の節電が可能」などという短絡的な議論は難しいかもしれません．しかし全世界の環境・エネルギー問題を考えたとき，中長期的に高効率モータに置き換えられていくのは時代の趨勢と思われます．

　FA用ロボット機器，エアコン・冷蔵庫・ドラム型洗濯機など家庭電化製品，そしてEV（電気自動車）の動力源として採用が始まったブラシレスDCモータのベクトル制御技術は，今後さらに全産業部門に広がっていく可能性があると筆者は考えています．

　まさに「モータ技術は人間の生活と産業を支える戦略技術になった」のです．本書が最新のモータ制御技術を理解する一助になることを期待しています．

◆ 引用文献 ◆

(1)（財）新機能素子研究開発協会，「電力使用機器の消費電力量に関する現状と近未来の動向調査」，2009年3月

(2)東芝レビュー Vol.63 No.6，「東京メトロ銀座線車両向けPMSM主回路システム」，2008年

(3)経済産業省 総合資源エネルギー調査会省エネルギー基準部会三相誘導電動機判断基準小委員会（第1回）-配付資料4
「三相誘導電動機の現状について」，2011年12月

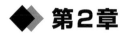

第2章

もっともポピュラなモータから理解しよう

DCブラシ・モータの
動作原理と特徴，駆動回路

江崎 雅康

　ブラシレス・モータの解説を始める前に，モータのしくみを理解しておきましょう．まず電流の向き
を切り替えるための機械的接点がある，DCブラシ付きモータ(ブラシ・モータ)のしくみを説明します．
DCブラシ・モータはプラモデルからアイガモ・ロボットまで，ごく一般的に使われているモータです．

2-1 現在も多く使われているDCブラシ・モータ

　私たちの身の回りの製品には，さまざまなモータが使われています．その中でいちばん身近なモータ
は**写真2-1**に示すDCブラシ(整流子)モータです．歴史も古くモータの原点とも言えるものです．
　構造が簡単で価格も安く，強いトルク(回転力)が得られます．ブラシ(整流子)という機械的な接触点
があるため寿命が短く，電気的なノイズや微細なホコリが発生するのが欠点です．
　DCブラシ・モータはプラモデルのレーシングカー，ミニ四駆(タミヤ)などの玩具にも多く使われて
います．電動歯ブラシ，電動シェーバから携帯電話に使われている着信バイブレータなど，現在も多く
使われているモータです．

〈写真2-1〉産業用DCブラシ・モータ(20W)

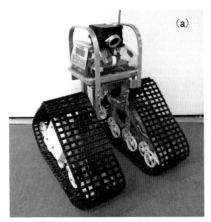

〈**写真2-2**〉**アイガモ・ロボット**（経済産業省委託事業により開発）

　ひとつ変り種を紹介します．**写真2-2**は経済産業省の委託事業で開発されたアイガモ・ロボットの試作機です．農薬を使わないで水田の雑草を除去したり，化学肥料を少なくできる「アイガモ農法」のアイガモの仕事をこなすロボットです．ここにも250Wの強力なDCブラシ・モータが2個使われています．

　搭載したバッテリ電源だけで10a（アール）の水田の除草（抑草）作業を2時間かけて行います．アイガモが行う除草のしくみは，田植え後の水田を動き回ることにより，つぎの働きをします．

① キャタピラで水を濁らせて太陽光線が水底に届かなくすることにより，雑草の成長を抑える
② キャタピラで水底の泥を掻き混ぜることにより，水底で芽生えた雑草を浮き上がらせて生育を止める

　水田の泥んこにも足を取られないくらい強いトルク（回転力）が必要とされますが，この用途にはDCブラシ・モータは最適です．テレビのニュースでも放映されたので視聴された方もおられるかもしれません．現在，農林水産省の委託事業「新たな農林水産政策を推進する実用技術開発事業」により評価実験を繰り返し，事業化を目指しています．

　本書で紹介するブラシレスDCモータやベクトル制御技術を理解するためには，モータの原点であるDCブラシ・モータの動作原理を理解しておく必要があります．

2-2 DCブラシ・モータの構造と回転するしくみ

　図2-1（a）はDCブラシ・モータの標準的な構造で，次の3要素で構成されています．

① 界磁……………………………固定した磁場を作る磁石
② 電機子…………………………固定した磁場の中で回転する磁石
③ 整流子（ブラシ＋コミュテータ）……電機子の回転に応じて電流の流れを切り替える機械的なスイッチ

　DCブラシ・モータは**図2-1**（a）に示すように，界磁（F；Field System）と電機子（A；Armature）のN極とS極が引き合う力を利用して回転させるモータです．**図2-1**（a）のモータでは，界磁に永久磁石が使われています．大型のDCブラシ・モータでは，**図2-2**のように界磁にコイルを使った電磁石で構成する場合もあります．

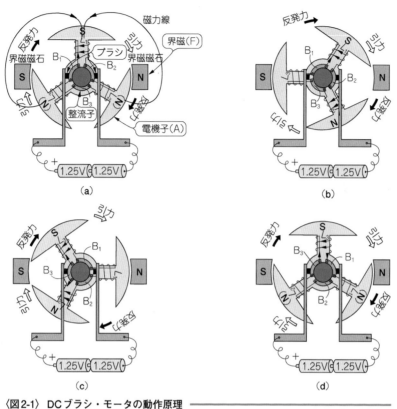

〈図2-1〉 DCブラシ・モータの動作原理

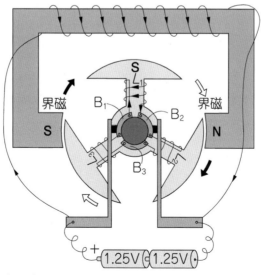

〈図2-2〉 電磁石による界磁

　電機子はロータ(回転子)とも呼ばれ，界磁が作る磁場の中で回転します．電機子のコイルには，通常，整流子(コミュテータ+ブラシ)と呼ばれる機械接点を介して電流が供給されます．

　DCモータには，電機子の極数により，2極モータ，3極モータなどがあります．プラモデルやミニ四駆用のモータは3極，産業用モータは7〜9極クラスが多く使われています．

2-3 DCブラシ・モータの動作原理と特徴

　図2-1に3極モータの構造を示しました．これを使ってDCモータの動作原理を説明します．左右に固定されているのが永久磁石でできた界磁です．中央の電機子の3極の鉄芯には，コイルL_1, L_2, L_3が巻かれ，図のようにブラシ(B_1, B_2, B_3)に接続されています．

　電池の電圧は，次のように整流子(コミュテータ)とブラシの接点よりコイルに供給されます．

　いま，電機子が図2-1 (a)の位置にあるとします．整流子はブラシB_1とB_2に接触しているので，電池からの電流はコイルL_1を矢印の方向に流れます．するとコイルL_1には太い矢印の方向の起磁力が発生し，L_1はS極になります．コイルL_2, L_3には電流は流れませんが，コイルL_1の起磁力により，ともにN極になります(コラム；アンペールの右ネジの法則参照)．

　この結果，電機子は電磁石との作用により，時計方向に回転を始めます．そして，電機子が図2-1 (b)の位置までくると，＋側整流子がブラシB_3と接触し始め，L_2にも図の矢印方向に電流が流れます．このためL_2はN極となり，電機子に時計方向の回転力が働きます．コイルL_3は電流が流れず，L_1, L_2の起磁力に対しても中立(ニュートラル)の位置にあります．

　さらに図2-1 (c)の位置まで電機子が回転すると，コイルL_2, L_3に矢印方向の電流が流れ，コイルL_2, L_3は，

■ アンペールの右ねじの法則

　導体に電流が流れると，そのまわりに起磁力が発生します．電流の流れと起磁力の方向の関係を発見したのは，アンペール(仏，André Marie Ampère)です．

　図2-Aは"アンペールの右ネジの法則"を図示したものです．電流の周囲に発生する磁界

(場)の方向は，電流の流れる方向を右ネジ(通常のネジ)の進む方向に合わせたときの，ネジの回転方向に一致します．

　この磁界の中に軟鉄の鉄片を置くと，図に示すようにN-S極が発生します．

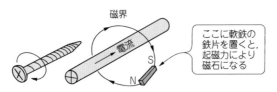

右ネジの進む方向に電流を流すと，
回転方向に磁界(場)が発生する

〈図2-A〉アンペールの右ネジの法則

コイルL_2　…N極

コイルL_3　…S極

となります．電機子には，界磁磁石との作用により，引き続き時計方向のトルクが発生します．

そして，**図2-1**(d)の位置に電機子がくると，これは最初の**図2-1**(a)からちょうど120°回転した位置になります．

コイルL_1　→　コイルL_3

コイルL_2　→　コイルL_1

コイルL_3　→　コイルL_2

と読み変えれば，**図2-1**(a)と**図2-1**(d)はまったく同じ状態です．

DCモータは，**図2-1**(a)〜(d)を繰り返しながら回転を持続します．整流子とブラシは，電機子の回転に応じて電機子のコイル電流を切り替える重要な働きをします．

DCモータはエネルギー効率もよく，強い起動トルクが得られるローコストなモータです．しかし，整流子－ブラシ間の機械的な接点をもつというのがウィーク・ポイントです．ノイズの発生，ダスト（ほこり）の発生，ブラシ接点の磨耗により寿命が短いなどの欠点があります．

DCモータのこの欠点を解決するため，機械的な接点を半導体スイッチに置き換えたのがブラシレスDCモータです．

2-4　DCブラシ・モータは発電機

DCモータは**図2-1**(a)に示したように，電源端子に電圧を加えると電流が流れて，ロータが回転します．まったく同じモータのロータを外部から力を加えて回転させると，**図2-3**のように，電源端子に起電力が現れます．

図2-1(a)と同じ方向に回転させると，起電力はちょうど電池電圧と対立する方向に発生します．この起電力は，すべてのコイルL_1, L_2, L_3に発生しますが，ブラシの働きにより，実際に電流が流れる

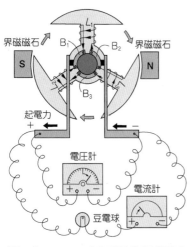

〈**図2-3**〉　DCモータは発電機（電機子を回転させるとコイルに起電力が発生する）

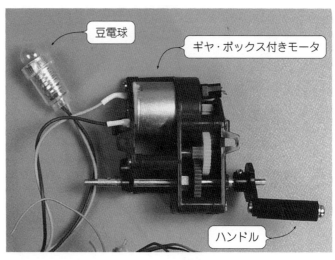

〈**写真2-3**〉　DCモータとギヤ・ボックスで発電システムができる

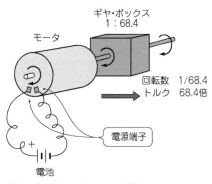

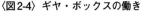

〈図2-4〉ギヤ・ボックスの働き

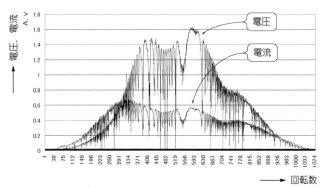

〈図2-5〉モータを発電機として動かしたときの特性グラフ

のはコイルL_1のみです．

　図2-3の電圧計と並列に豆電球を接続すると，この豆電球はほんのり点灯します．パワーが十分ではありませんから，それほど明るくはありません．

　この現象を確かめるため，写真2-3のシステムを作り，モータの回転数と起電力，豆電球に流れる電流を測定してみました．

　写真2-3は模型工作用に販売されているギヤ・ボックス付きモータ（タミヤ）に回転用のハンドルを付けたものです．モータはある程度高速に回転させないと十分な発電電圧が得られないので，ギヤ・ボックスを利用しています（図2-4）．

　通常，このギヤ・ボックスは，モータの回転を落として，メカ系統を駆動するのに必要なトルクを得

■ コイルの起磁力

　アンペールの右ネジの法則を，実際のコイルに適用したのが図2-Bです．

　コイルを右手で握ったとして，人差し指〜小指の方向に電流が流れた時，親指の方向にN極が発生します．

　コイルに流れる電流の方向と，磁極の関係を直感的に憶えるのに良い方法です．図2-2の電機子に発生する磁極の極性をこの方法で確認してみましょう．

右手を図のように
曲げて，指の根元
から指先方向に電
流が流れるとき，
親指の方向に磁界
のN極が発生する

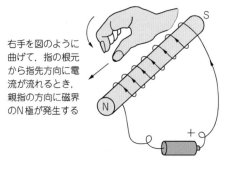

〈図2-B〉
コイルの電流と起磁力の関係

るために使います．このギヤ・ボックスの減速比は1：68.4ですから，モータの回転数を1/68.4に落として68.4倍のトルクを出力します．

今回の実験では，このギヤ・ボックスを逆に回転数を上げるために使います．ギヤ・ボックスの出力軸を1回転させると，モータは68.4回転します．

図2-3に示すように接続し，モータの「回転数」と「起電力」および豆電球に流れる「電流」を計測しました．この計測データをシリアル・インターフェースを介してパソコンに送ります．この結果をグラフにしたのが図2-5です．

このグラフを見ると，回転数の上昇とともに電圧，電流，そして豆電球の消費電力が増加していることがわかります．

「このグラフは少しおかしい！」…実は最初このグラフを手にした時，疑問に思ったことがあります．モータの起電力V(V)と豆電球に流れる電流I(A)の間にはオームの法則により，

$V = R \times I$　　　　　　　　　；豆電球の抵抗R(Ω)

と，比例関係にあるはずです．

ところが図2-5では，最初電流値が電圧値を上回っています．そして途中からこれが逆転しています．計測ミスか，プログラムのバグかと，この疑問に1日悩みました．

しかし，結局これは正しいグラフであることがわかりました．豆電球のフィラメントに使われているタングステンは大きな温度係数を持っています．最初フィラメントが低温の時は抵抗値は小さく，大量のラッシュ・カレントが流れます．フィラメントが高温になって豆電球が光り始めると抵抗値は大きくなり，電流は定格値に下がります．グラフ上の電流値と電圧値の逆転は，このラッシュ・カレントが原因であることがわかりました．

2-5 モータの起動電流と定格電流

DCモータが発電機としての機能も備えていることは説明しました．実は"DCモータは使い方によって発電機にもなる"だけでなく，"回転しているDCモータは，同時に発電機にもなっている"のです．

図2-6はこの説明図です．まず，図2-6(a)において，コイルL_1の直流抵抗Rを，

$R = 0.3\ \Omega$

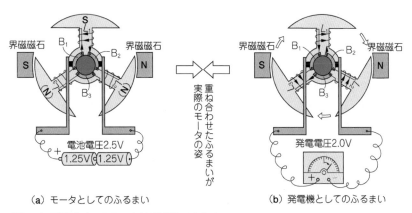

(a) モータとしてのふるまい　　　　　　(b) 発電機としてのふるまい

〈図2-6〉回転するDCモータは発電機でもある

とすると，電池電圧 = 2.5V ですから，コイルに流れる電流Iは，つぎのようになります.

$I = 2.5\text{V}/0.3\,\Omega$

$\fallingdotseq 8.33\text{A}$

これがこのモータの起動電流です.

モータが連続的に定常状態で回転する時に流れる標準電流を定格電流と言いますが，このモータの定格電流は1.2Aです. このモータの場合，起動時には定格電流の約7倍の起動電流が流れることになります. この大電流によってモータの起動トルクが発生し，ロータは大きな静止摩擦に打ち勝って回転を始めます.

起動電流はDCモータの強い起動トルクの源ですが，いつまでもこの大電流が流れていると，モータの電機子は熱で焼き切れてしまいます. 起動電流8.33Aが流れた時，電池電圧の低下がないとすると，モータの消費電力Pは，

$P = 2.5\text{V} \times 8.33\text{A} \fallingdotseq 20.8\text{W}$

となり，大量の熱エネルギーが発生するからです.

モータが回転を始めると，**図2-6** (b)に示すように，モータは発電機としても機能し始めます. 今，電機子が回転することによって生じる起電力を2.0Vとすると，この起電力は電池電圧に対抗するので，コイルL_1に流れる電流Iは，

$I = (2.5\text{V} - 2.0\text{V})/0.3\,\Omega$

$\fallingdotseq 1.67\text{A}$

となります.

回転しているモータは，**図2-6** (a)のモータとしての機能と，**図2-6** (b)の発電機の機能が重ね合わされた状態で動作しています.

通常のモータは起動電流が流れ続けるとコイルが焼き切れるような設計になっています. モータの回転軸をロックして回転できない状態にして起動電流を流し続けると，モータ(もしくは駆動回路)から煙が出たり，火を吹いたりします.

2-6 「モータ＝発電機」の応用…モータ・ブレーキ

「モータ＝発電機」の原理を応用したモータの使い方をもう一つ紹介します. **図2-7**はDCモータのブリッジ・ドライバIC TA8428K (東芝)です. 比較的コンパクトなパッケージですが，最高1.5Aの駆動電流が得られます.

このICは，主としてDCモータを駆動制御するために使われます. **図2-8**はTA8428Kの内部等価回路とモータの接続例です. 制御入力(IN_1, IN_2)により，**表2-1**に示すように，駆動トランジスタ($Q_1 \sim Q_4$)をON/OFFしてモータの回転/停止，正転/逆転を制御します.

たとえば，

$\text{IN}_1 = 0$, $\text{IN}_2 = 1$

のときは，

$Q_1 = \text{OFF}$, $Q_2 = \text{ON}$, $Q_3 = \text{ON}$, $Q_4 = \text{OFF}$

となり，モータは正転します.

$\text{IN}_1 = 1$, $\text{IN}_2 = 0$とすると，モータに流れる電流は逆方向になり，モータは逆転します.

さて，ストップとブレーキはどのように違うのでしょうか．ストップのときは，4個のトランジスタ（Q_1 〜 Q_4）はすべてOFFになります．ところが，ブレーキのときは，Q_2 と Q_4 がONになります．今まで高速で回転していたモータの駆動回路をブレーキにすると，

$Q_1 = \text{OFF},\quad Q_2 = \text{ON},\quad Q_3 = \text{OFF},\quad Q_4 = \text{ON}$

となり，モータの電機子コイルは Q_2, Q_4 経由で短絡状態になります．

モータの電機子は慣性で回転を続けますが，この回転によりモータの電機子両端には起電力が発生します．電機子コイルは短絡状態ですから大きな短絡電流が流れます．

この短絡電流は電機子の回転を抑制する磁界を作るので，モータはブレーキがかかった状態になります．

このブレーキ（回転抑止）力は回転数に比例した大きさで働くので，機械系にとって，やさしいブレーキになります．高速回転時は強く，低速になるにつれて弱くなるブレーキ作用です．

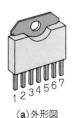

(a)外形図

端子番号	端子記号	端子説明
1	IN_1	出力の状態を制御する端子．PNPタイプの電圧コンバータを内蔵する
2	IN_2	
3	OUTA	DCモータがつながる端子でSink，Sourceとも1.5Aの電流容量をもつ．また，モータの逆起電圧吸収用のダイオードを V_{CC} 側とGND側に内蔵している
4	GND	接地端子
5	$\overline{\text{OUTA}}$	OUTAピンとの間にモータがつながる端子で，OUTAピンと同等の機能をもつ
6	N.C	Non Connection
7	V_{CC}	電源端子

(b)端子機能

〈図2-7〉[1] ブリッジ・ドライバIC TA8428K（東芝）

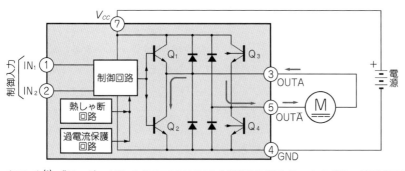

〈図2-8〉[1] ブリッジ・ドライバIC TA8428Kの内部等価回路とモータのブリッジ駆動回路

〈表2-1〉[1] ブリッジ・ドライバIC TA8428Kの制御入力と駆動出力

制御入力		駆動トランジスタ				駆動出力		モータの動作モード
IN_1	IN_2	Q_1	Q_2	Q_3	Q_4	OUTA	$\overline{\text{OUTA}}$	
1	1	OFF	ON	OFF	ON	L	L	ブレーキ
0	1	OFF	ON	ON	OFF	L	H	正/逆転
1	0	ON	OFF	OFF	ON	H	L	逆/正転
0	0	OFF	OFF	OFF	OFF	高インピーダンス		ストップ

■ モータの力学－トルク

モータは電気エネルギーを回転という機械エネルギーに変換する装置です．

モータの消費電力P_0(W)は，電圧E(V)，電流I(A)とすると，

$$P_0 = E \times I \text{(W)}$$

で求められます．

また，モータの機械エネルギー（出力）P_1(W)は，

$$P_1 = 2\pi \times n \times T$$

で表されます．πは円周率で，nはモータの1秒間あたりの回転数(RPS, Revolutions per Second)です．

Tはトルクと呼ばれる回転力の大きさを表す物理量です．力学では，力の強さをニュートン(N)，kgf(kg重)，gf(g重)などの単位で表します．これは，押したり，引いたりする時の力の大きさです．

回転力の大きさはトルク量で表しますが，これは，**図2-C(b)**に示すように，力の大きさF(N)と回転の腕の長さl(m)を掛け合わせた物理量です．

図2-C(a)のように，バットを使って力くらべをすると，太いほうを握った人が有利になります．もし2人の腕力が同等程度とすると，かならず太いほうを握った人が勝ちます．2人の力の大きさ(N)が等しいとすると，トルク(回転力)の大きさは回転の腕の長さ(この場合は，バットの半径)に比例するからです．

トルクを使ってモータの機械エネルギー（仕事量）は，

$$P_1 \text{(W)} = 2\pi \times n \times T \quad \cdots\cdots\cdots\cdots \text{(2-A)}$$
$$n ; 回転数\text{(rps)}$$
$$T ; トルク\text{(N·m)}$$
$$P_1 \text{(W)} = 1.027 \times N \times T \quad \cdots\cdots\cdots\cdots \text{(2-B)}$$
$$N ; 回転数\text{(rpm, 回転／分)}$$
$$T ; トルク\text{(kgf·m)}$$

と表示されます(kgfはkg重とも言う)．

ギヤ・ボックスによってモータの回転数を1/10にしたとき，摩擦によるエネルギー損失がないと仮定すると，トルクは10倍になります．したがって，(2-A)式より，機械エネルギーの量は変化しません．

(2-A)式と(2-B)式で係数が異なるのは，回転数と力の単位が異なるからです．トルクの単位としては，

　　　N·m　　（ニュートン・メートル）
　　　kgf·m　（kg重・メートル）

のほかに，小型のモータでは

　　　gf·cm　（g重・センチメートル）

が使われます．

（a）バットをもって力くらべをすると，太い方を握ったほうが有利

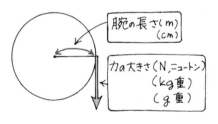

（b）回転力は〔力の大きさ×腕の長さ〕で表される

〈図2-C〉回転力の強さ＝トルクは力 × 腕の長さ

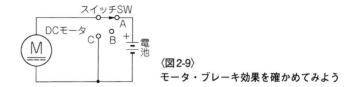

〈図2-9〉
モータ・ブレーキ効果を確かめてみよう

　車の運転では坂道などで"エンジン・ブレーキ"を使いますが，これになぞらえれば，"モータ・ブレーキ"と呼ぶにふさわしい制動効果です.

　もし，手元にDCモータがあれば，このモータ・ブレーキ効果は簡単に確認することができます．**図2-9**のようにモータと電池を配線し，スイッチSWをAに入れると，モータは高速に回転を始めます.

　今，スイッチをBの位置にすると，モータへの電流はOFFになりますが，しばらくの間，モータは慣性で回り続けます.

　それではスイッチをAから，いっきにCの位置に移すとどうなるでしょう．高速で回転していたモータはピタッと止まるはずです．この時，モータに残っていた回転という機械エネルギーは急速に電気エネルギー，そしてジュール熱という熱エネルギーに変わります.

2-7 回生制動はEVに応用されている重要技術

　モータの回転エネルギーをジュール熱で消費しないで，発電した電力を電源に返す方式のブレーキもあります．これはモータの発電電力をバッテリに蓄積する回生制動と呼ばれ，古くは直流駆動方式の鉄道に使われてきました.

　現在では電動アシスト自転車，大型のエレベータ，ハイブリッド車，EV（Electric Vehicle）車などに広く使われています.

　現在のハイブリッド車，EV車の駆動システムに使われているのはDCブラシ・モータではありませんが，回生ブレーキで発生する電力をバッテリに充電します．ハイブリッド車，EV車の燃費がずば抜けて良いのは，この回生ブレーキが使われているからです．自動車の燃費効率を上げる上で重要な技術になっています.

2-8 本格的なDCモータ用FETブリッジ駆動IC VNH3SP30-E

　図2-10は冒頭で紹介したアイガモ・ロボットのモータ駆動回路です．コネクタJ17から供給される24Vの電池電源を使って，J18およびJ20に接続されたDCブラシ・モータをブリッジ駆動します.

　ブリッジ駆動IC VNH3SP30-E（STマイクロエレクトロニクス社）には**図2-11**に示すパワーMOS FET駆動回路が使われているので，最高30Aの電流を流すことができます.

　ブリッジ駆動回路に使われている4個のFETおよびそれに必要なステップアップ・レギュレータも内蔵されています．最高10kHzのPWM（Pulse Width Moduration）制御も可能ですし，
- サーマル・シャットダウン回路
- 電流制限回路

なども内蔵されています.

　電源電圧の最大定格は40Vです．24Vの電源を使って最高30A流すと，720Wのモータを駆動できる

計算になります．

　DCブラシ・モータは
① 構造が簡単でコストダウンが容易
② 強い起動トルクが得られる
③ 寿命が比較的短い

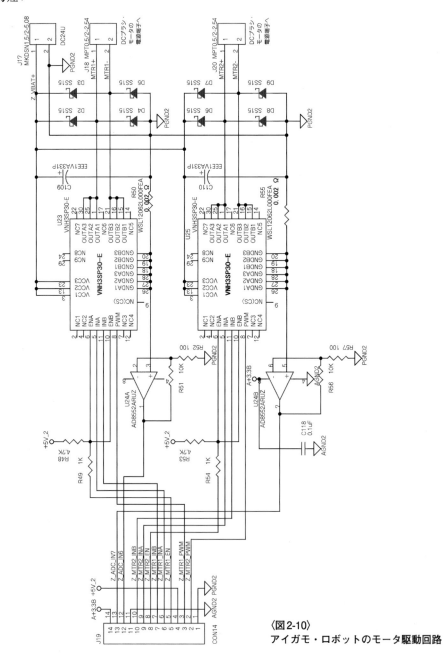

〈図2-10〉
アイガモ・ロボットのモータ駆動回路

■ フレミングの左手の法則と右手の法則

DCモータは同時に発電機でもあるという話をしましたが, イギリスの物理学者フレミングは
　　フレミングの左手の法則(モータの原理)
　　フレミングの右手の法則(発電機の原理)
として定式化しました.

● フレミングの左手の法則

フレミングの左手の法則は, **図2-D**のように磁界中の電線Lに電流Iを流した時, 電線に働く力の方向をモデル化した法則です.

図のように, 左手の親指, 人差し指, 中指を直角に開いて,
　　磁界の方向　　　　＝人差し指
　　電流の流れる方向　＝中指
に向けると, 電線には親指の方向の力が働きます.

この力の大きさF(ニュートン)は,
　　$F = B \cdot I \cdot L$
　　　　B；磁束密度(Wb/m^2)
　　　　I；電流(A)
　　　　L；電線の長さ(m)
で表すことができます.

● フレミングの右手の法則

図2-Eのように, 磁界中の導体Lを急速に動かした時, 導体の両端に発生する誘導起電圧の方向をモデル化した法則です.

図のように, 右手の親指, 人差し指, 中指を直角に開いて,
　　磁界の方向　　　　＝人差し指
　　導体の移動方向　　＝親指
の方向に向けると, 胴体には中指の方向に誘導起電圧が発生します.

誘導起電圧E(V)の大きさは,
　　$E = B \cdot L \cdot V$
　　　　B；磁束密度(Wb/m^2)
　　　　L；電線の長さ(m)
　　　　V；導体の移動速度(m/s)
で表されます.

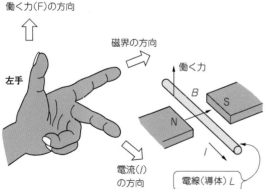

〈**図2-D**〉フレミングの左手の法則(磁界中で電流が流れる導体に働く力Fをモデル化)

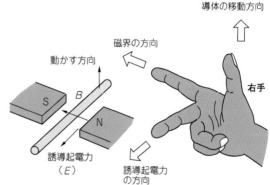

〈**図2-E**〉フレミングの右手の法則(磁界中の導体を急速に移動させたときに, 導体に発生する誘導起電力Eをモデル化)

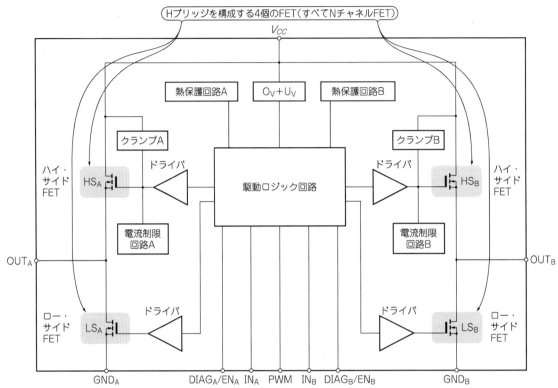

〈図2-11〉[2] **Hブリッジ駆動IC VNH3SP30-E**（STマイクロエレクトロニクス）**の等価回路**

などの特徴があります．この特徴を生かして，

① コスト重視の民生用家電製品

② パワー・ウィンドウ，ワイパなど自動車のアクチュエータ

③ コスト重視の玩具駆動機構

などに，今も多く使われています．

◆ **引用文献** ◆

(1)東芝，TA8428K データシート

(2)STマイクロエレクトロニクス，VNH3SP30-E データシート

第2章 Appendix

制御用途に今も使われる
ステッピング・モータの動作原理と特徴

　この章では日常でたくさん使われているブラシ・モータについて解説しましたが，位置決め精度を要求される用途にはステッピング・モータもよく使われています．ここでは，このステッピング・モータの動作原理について簡単に説明します．

● **ステッピング・モータの動作原理を理解しよう**

　図2-Fはステッピング・モータの動作概念図です．制御用のパルスが1個入るたびごとに，モータは決められた一定の角度ずつ回転します．この角度をステップ角と呼びます．**写真2-A**は小型のステッピング・モータです．

　ステップ角はモータの構造と駆動方式によって決まる角度で，7.5°，15°から90°まで，いろいろあります．ステッピング・モータは完全にパルス入力に追従して回転します．

　パルス入力周期を長くすればゆっくり，短くすれば高速に回転します．また，パルスを3個のみ入力すると（ステップ角15°），モータは45°回転して停止します．

　　　回転角＝ステップ角×パルス数
　　　　　　＝15°×3
　　　　　　＝45°

　このように，ステッピング・モータはロータの回転速度と位置をパルス入力により完全にコントロールします．別名，パルス・モータと呼ばれるのはこのためです．

　もちろん，モータの駆動能力を超えた強いトルクや高速のパルスを加えると，ステッピング・モータは，

パルスが1個入るごとに　　ステッピング・モータ
1ステップ角（15°）回転する　（ステップ角＝15°）

パルス列

15°

パルス周期を長くすれば
→ **低速回転**

パルス周期を短くすれば
→ **高速回転**

パルスを3個入力すれば
→ **45°回転して停止**

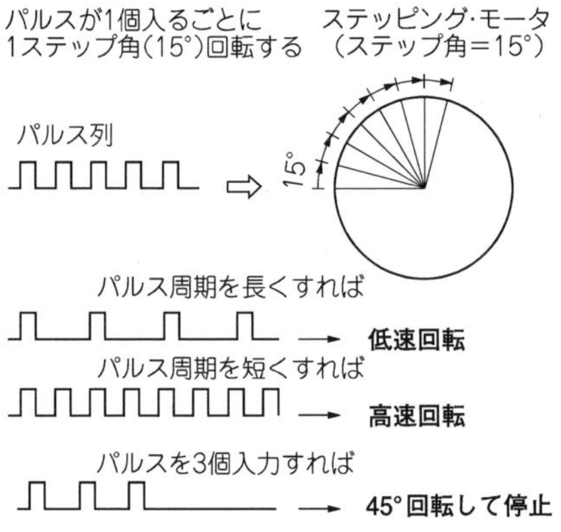

〈図2-F〉ステッピング・モータの動作の概念図

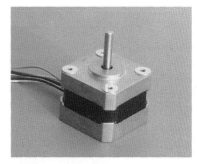

〈写真2-A〉小型ステッピング・モータ

$$1 \text{パルス} = 1 \text{ステップ}$$

という関係で動作しなくなります．これを脱調と言います．

　静止している無負荷のステッピング・モータを脱調することなく起動できる最大の入力周波数を“最大自起動周波数”と言います．

　また，一度起動したモータを，脱調することなく連続回転させることができる最大の入力周波数を“最大連続応答周波数”といいます．

● **ステッピング・モータの種類**

　ステッピング・モータは構造によって，つぎのように分類されます．
① PM（Permanent Magnet）型
② VR（Variable Reluctance）型
③ HB（Hybrid）型

　PM型は，**図2-G**（a）に示すように，永久磁石のロータと励磁コイルを巻いたステータ（界磁）により構成されます．ステータは90°の間隔で配置された4個のコイルL_1～L_4で構成されます．図の状態で，駆動信号Φ_2をアクティブにしてL_2に電流を流すと，ステータ・コアはN極となります．そして，ロータのN極，S極はそれぞれ反発力および引力を受けて，時計の方向に回転（ステップ移動）します．

　図に示すようにコイル端Φ_1～Φ_4を駆動信号ϕ_1～ϕ_4により順に駆動するとロータは連続して回転します．

　PM型はロータに永久磁石を使っているため，駆動入力が完全にOFFになっても，最後の状態を保持する力（トルク）が働きます．したがって，静止時に保持電流を流す必要がありません．

　PM型のステップ角度を小さくするためにはロータを多極構造にする必要がありますが，構造が複雑になります．

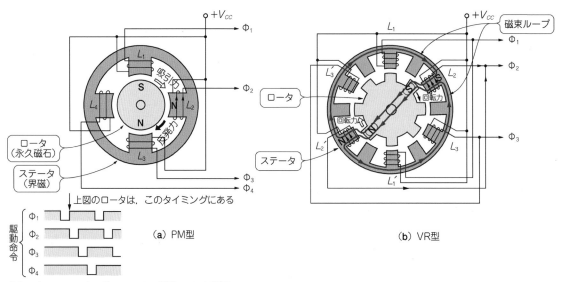

〈**図2-G**〉ステッピング・モータの構造による分類

　VR型は，**図2-G**(b)に示すように，高透磁率材料を歯車状に加工したロータと，内歯車状に加工したコアにコイルを巻いたステータ(界磁)から構成されています．ロータの歯車ピッチとステータの歯車ピッチは異なっています．図の例では，

　　ロータ・ピッチ　　45°
　　ステータ・ピッチ　30°

となっています．

　今，図の位置にロータがあるとき，駆動信号Φ_2をアクティブにしてコイルL_2に電流を流すと，ステータはN極になります．また，L_2の反対側のL_2'にも電流が流れ，こちらはS極になります．

　コイルL_2，L_2'によって生じる起磁力は，**太線**で示す磁束ループを作り出します．ロータは磁束を通しやすく磁化しやすい高透磁率の材料でできているので，磁束は最短ループを構成します．

　その結果，コイルL_2，L_2'に対しているロータには，図のように磁極が発生し，ロータには図の矢印の方向の力(トルク)が働きます．

　VR型は永久磁石を使わないので，ステップ角度は歯車の加工限界まで小さくすることが理論上可能です．また，永久磁石を使わないため，大型のモータの製作も可能です．

　しかし，VR型は永久磁石を使っていないので，駆動信号をすべてOFFにするとロータの保持トルクがなくなります．したがって，モータが空転しては困るような用途では，静止時も駆動コイルに保持電流を流し続ける必要があります．

　HB型は，PM型とVR型の両方の構造を持ったステッピング・モータで，
・PM型の静止保持トルク
・VR型の微小ステップ角度と高トルク
を合わせもっています．

第3章

省エネ，長寿命，高信頼性に応える
ブラシレスDCモータの特徴と動作原理

江崎 雅康

　本書の最終目的はブラシレスDCモータをベクトル制御で動かすことです．この章では，アクチュエータとしてのブラシレスDCモータの特徴と動作原理をまとめて解説します．

3-1 長寿命，ノイズレス，ダストレスのブラシレスDCモータ

　前章で紹介したように，DCブラシ・モータは簡単な構造で強いトルクが得られるモータです．しかし電機子電流の切り替えを機械的な接点（ブラシ）で行うため，寿命が短くダスト（金属片）が発生するのが欠点でした．

　ブラシレスDCモータは，DCブラシ・モータのブラシ（整流子）をトランジスタやFETなどの電子スイッチに置き換えることにより，長寿命化，ダストレス化を図ったモータです．

　ブラシレスDCモータはこの特徴を生かして，フロッピディスク・ドライブ装置（**写真3-1**），ハード・ディスク・ドライブ装置，CD・DVD・Blu-rayドライブなどOA機器の回転軸のシリンダ駆動，空冷用のファン・モータなどに使われてきました．

　ブラシレスDCモータは回転子の位置を検出するホール素子，界磁電流を切り替えるための電子スイッチ，タイミング制御回路を必要とします．

　当然，従来のDCブラシ・モータと比べるとコストは高くなります．そこでコストが多少高くても，

〈写真3-1〉
5インチ・フロッピディスク・ドライブに使われたダイレクト駆動ブラシレスDCモータ（90年代にはパソコン用磁気メモリとして大量に使われた）

長寿命，高信頼性が求められるOA機器からブラシレスDCモータが使われるようになりました．

3-2 エネルギー効率の高いブラシレスDCモータが実現

　写真3-2は本書執筆中に筆者が家電量販店で見つけた扇風機の新製品です．東日本大震災を経て，節電は全人類の最重要課題のひとつになりました．原子力発電所の再稼動をめぐって世論が二分し，節電と計画停電が大きな社会問題になっている中，

　「電気代　約1/3」

というキャッチ・フレーズは強烈です．

　量販店の扇風機売り場には従来型のACインダクション・モータ（Appendix参照）を搭載した数千円の低価格商品と，ブラシレスDCモータを採用した6,000円〜30,000円の省エネ商品が並びました．

　写真3-2は「電気代　約1/3」と大胆なキャッチ・フレーズを掲げていますが，家電大手の製品も

■ [筆者の体験]直流駆動超小型ロータリ圧縮機用に小型・高効率の　ブラシレスDCモータを開発

　ブラシレスDCモータには懐かしい思い出があります．今から20年以上前の話です．筆者が所属した電機メーカでは国の委託事業として「頸隨損傷者用体温自動調節機」の開発を行っていました．

　これは頸隨損傷等により体温の調節機能に障害を持つ身体障害者の社会復帰を助けるための携帯型冷房服です．体温調節機能に障害があると，夏の暑い日に外出すると体温が上昇して生命維持ができなくなるため，冷房が効いた部屋から出ることができません．

　この「頸隨損傷者用体温自動調節機」は図3-Aに示すように，頸隨損傷障害者の車椅子に装着可能な「携帯型冷房服」です．その目標性能は，

▶冷房用コンプレッサ＋電池を含めた装置重量
　10kg
▶電池による連続運転時間2時間以上
と設定されました．

　これは，平たく言うと電池を含めて重量10kg以下の携帯型冷房装置です．この冷房装置が作り出す冷水を冷房服の中の樹脂チューブ中

を循環させることにより，人体の冷却を行います．

　技術開発のポイントは，高効率の小型コンプレッサを開発することでした．10kgの総重量の中に，

▶電池（ニカド電池）
▶小型コンプレッサ
▶制御回路
をすべて含める必要があります．

　この中で特にポイントとなったのが電池の直流電源で最低2時間駆動可能な小型ロータリ・コンプレッサの開発でした．当時，冷蔵庫などに使われていたACインダクション・モータは使えません．

　そこで3相のブラシレスDCモータの開発が課題になりました．入手したブラシレスDCモータのエネルギー効率は30％もありませんでした．残りの70％はどこに消えているのだろうと，必死の解析が始まりました．

　モータ・コイルの銅損，スイッチング素子の損失，界磁のウズ電流損から回転子の風損まで損失項目は10項目以上に上りました．そして

「DCモータ採用により電気代1/2」をうたい文句にし始めました.

　電気洗濯機, 掃除機, 扇風機, エアコン, ポンプ, 冷蔵庫などのほとんどの製品に交流インダクション・モータが使われてきました. 現在, エアコン, ドラム型洗濯機, 大型冷蔵庫などはACインダクション・モータからブラシレスDCモータに大きく変わりつつあります. モータは省エネ家電製品を支える戦略技術なのです.

　これはブラシレスDCモータの小型, 高トルク, 高エネルギー効率, そして制御性の良さが大きな理由になっています.

3-3 ブラシレスDCモータはEVを支える戦略技術

　「レアメタルの輸入制約がEV（電気自動車）やハイブリッド車の生産に深刻な影響を及ぼす恐れがある」という報道は記憶に新しいところです.

それぞれの損失を極限まで圧縮するための方策を考え, 実行しました.

　この過程で小型で強力な磁石としてネオジム磁石の採用が決まりました. 従来のダーリントン・トランジスタに代えて, やっと出始めたパワーMOS FETを採用したり, 考えうる限り

の努力の結果, 83％という当時としては高効率を達成しました. そして担当者2人で思わず飛び上がって喜び合いました.

　そのときは, この技術が20年後に電気自動車や高級家電製品の戦略技術につながるなどとは, 夢にも思いませんでしたが.

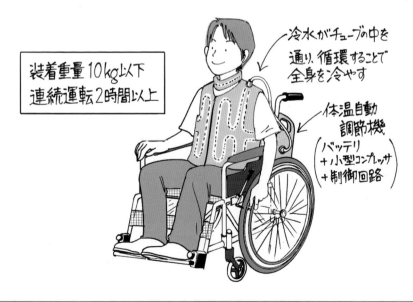

装着重量 10kg以下
連続運転 2時間以上

冷水がチューブの中を
通り, 循環することで
全身を冷やす

体温自動
調節機
（バッテリ
＋小型コンプレッサ
＋制御回路）

〈図3-A〉
頸椎損傷者用
体温調節機

〈写真3-2〉
量販店で見つけた
ブラシレス DC モータ採用の
扇風機

　EVやハイブリッド車にもブラシレス DC モータが使われています．このブラシレス DC モータにネオジム（元素記号 Nd）というレアメタルを使った永久磁石を使うことにより，モータを小型で高効率にする技術が実現しました．

　ネオジムは原子番号60の希土類元素ですが，ネオジム，鉄，ホウ素の化合物（$Nd_2Fe_{14}B$）は大変強力な永久磁石になるという性質があります．

　モータのエネルギー効率は電気自動車の基本的な性能を左右する重要な要素です．1回の充電で走行可能なキロ数は電気自動車の基本性能ですし，また貴重な電力の有効活用という点からもモータのエネルギー効率は重要です．

　小型，軽量，高トルクに加え，少しでもエネルギー効率の良いモータを開発するため熾烈な競争が行われています．

3-4 ブラシレス DC モータの構造

　ブラシレス DC モータは通常，**図3-1**に示すように永久磁石のロータ（回転子）とコイルによる界磁から構成されます．ブラシ（整流子）型の小型 DC モータの多くは，界磁が永久磁石，ロータ（電機子）がコイルで構成されています．ブラシレス DC モータはちょうど反対の構成です．

　ブラシレス DC モータは，ロータの回転に応じてコイルに流れる電流の切り替えを半導体のスイッチで行うので，このほうが都合がよいのです．

　ロータの磁石はフェライト材料などでできた永久磁石を貼り合わせて作られています．フェライトは酸化鉄を主成分とするセラミックで強磁性を示すものが多く存在します．

　図3-1のロータはNSの2極構成ですが，4極，6極，8極なども可能です．回転がスムーズになる反面，構成が複雑になります．

　ブラシレス DC モータの界磁コイルは**図3-1**に示す3相が一般的ですが，DC ファン・モータなどコス

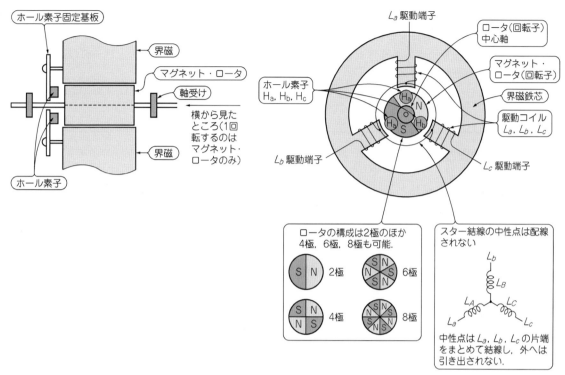

〈**図3-1**〉**ブラシレス・モータの構造**（3相スター結線バイポーラ駆動）

トを重視する用途では2相が使われることもあります．ブラシレスDCモータは，コイルの電流を半導体スイッチで切り替えるので，相数に比例して駆動回路が増えるからです．

　3相の場合は，**図3-1**のように，界磁コイルL_a，L_b，L_cを120°間隔で配置します．**図3-1**のモータは3相スター結線でバイポーラ駆動を行います（**図3-2**参照，後述）

　スター結線の3相モータでは，各コイルL_A，L_B，L_Cの片端は中性点として1点で接続されています．各コイルL_A，L_B，L_Cの駆動端子側L_a，L_b，L_cはトランジスタやFETなどによる駆動回路に接続されます．

　各駆動端子から供給される駆動電流は中性点で合流しますが，その電流総和は絶えず±0Aになります．

　界磁鉄芯は，界磁コイルによって発生する磁束の磁路を構成し，透磁率が高いケイ素鋼版を重ねた積層ケイ素鋼板で作られています．積層構造にすると渦電流が流れにくいので鉄損を低く抑えることができます．

　図3-1ではコイルとコイルの間が空いているように見えますが，実際のモータではこのスペースは何回も重ね巻きされた駆動コイルが入ります．

　モータのトルク（回転力）は界磁の磁束密度に比例します．また磁束密度は駆動コイルのアンペア・ターン（MKSA単位系における起磁力の単位，ampere-turn，記号：AT），つまり駆動電流×巻き数に比例します．

　限られたスペースに実装される界磁鉄芯のアンペア・ターンを増やすためには工夫が必要です．細い線を何回も巻けばよさそうですが，巻き線の抵抗が増加し，

　　オーム損＝巻き線の抵抗×電流

による発熱が多くなります．これはモータ効率の低下を招きます．

　ホール素子H_a，H_b，H_cはロータの磁極位置を検出するセンサです．ホール素子は，コラムにも紹介したように，磁界を検出する半導体センサでブラシレスDCモータのマグネット・ロータのN極とS極がどの位置にあるかを検出します．

　DCブラシ・モータの場合は，ブラシとロータ(電機子)が一体になっていて，ロータの回転によって

■ ホール効果とホール素子

　磁界中に置いた半導体に電流を流すと，**図3-B**に示すように電流と直角方向に電圧(ホール電圧)が発生します．この現象をホール効果と呼びます．

　ホール素子は，ホール効果を利用した磁気検出素子です．ホール素子には，ホール効果が顕著に現れる，InSb(インジウム・アンチモン)やGaAs(ガリウム・ヒ素)などが使われます．

　フレミングの右手の法則の説明で，コイルには「磁界の変化」により起電力が発生することを述べました．この原理を利用すれば，コイルは「磁界の変化」を検出するセンサとして利用可能です．

　しかし，コイルは「変化」を検出することはできても，磁界そのものを検出する機能はありません．どんなに強い磁界の中にコイルを置いても，変化がなければ起電力は発生しません．

　これに対して，ホール素子は，**図3-C**の特性グラフに示すように，磁界の強さに応じたホール電圧が発生します．ブラシレスDCモータのロータの位置を検出するために，ホール素子が使われるのはこのためです．

　ホール素子は，ブラシレスDCモータのほかにガウス・メータなど磁気測定にも使われています．

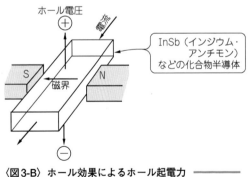

〈図3-B〉ホール効果によるホール起電力

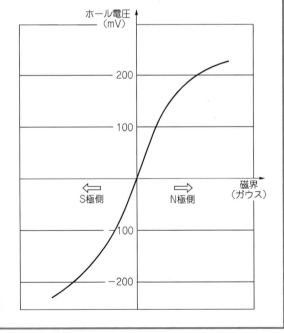

〈図3-C〉
ブラシレスDCモータに使われるホール素子の特性曲線

電機子電流の切り替えが行われていました.

　ブラシレスDCモータの場合はマグネット・ロータの位置をホール素子で検出し,FETなどの電子スイッチにより駆動コイルの電流を切り替えます.ブラシレスDCモータが別名ホール・モータと呼ばれていたのは,このためです.

3-5 ブラシレスDCモータの駆動方式

　ブラシレスDCモータは,駆動コイルの数(相数)により,2相,3相と分類されますが,コイルの駆動方式,結線方式にもいくつかの方式があります.

　図3-2にその駆動方式を示します.いずれも,3相駆動コイルのモータです.図3-2(c)はユニポーラ駆動です.駆動コイルL_A,L_B,L_Cの一端は$+V_{cc}$に接続され,各コイルの駆動電流はトランジスタのON/OFFによって行われます.各コイルにかかる電圧は絶えず同じ極性であるため,ユニポーラ駆動と呼ばれています.

　ユニポーラ駆動の特徴は駆動回路がシンプルでロー・コスト化が容易なことです.モータのトルク,回転の滑らかさではバイポーラ駆動にはおよびません.

　図3-2(a),図3-2(b)はいずれもバイポーラ駆動です.駆動コイルはそれぞれハイ・サイド(プラス側),ロー・サイド(グラウンド側)の2個のトランジスタによって駆動されます.

　バイポーラ駆動方式の場合は,モータのコイル結線方式に二つの方式があります.図3-2(a)のスター(星型)結線と,図3-2(b)のデルタ結線です.コイルの線径,巻き数が同じであれば,デルタ結線のほうが大電流を流すことが可能ですから,高トルク設計向きです.図3-1のモータはスター結線です.

3-6 ブラシレスDCモータの駆動回路

　整流子を備えたDCブラシ・モータは電源を接続するだけで回転しましたが,ブラシレスDCモータは制御回路がないと回転しません.制御回路は,

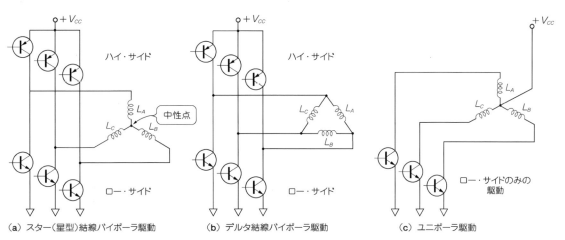

(a) スター(星型)結線バイポーラ駆動　　(b) デルタ結線バイポーラ駆動　　(c) ユニポーラ駆動

〈図3-2〉3相ブラシレスDCモータの結線と駆動方式

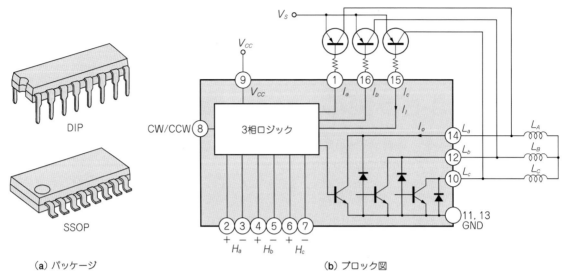

（a）パッケージ　　　　　　　　　　　　　　　（b）ブロック図

〈図3-3〉[(1)]　**3相ブラシレスDCモータ駆動IC TA7745P（東芝）の外観と内部ブロック図** ━━━━

〈表3-1〉[(1)]　**3相ブラシレスDCモータ駆動IC TA7745Pの電気的特性**（$T_a=25℃$）

項　　　　目		記　号	測　定　条　件	min	typ	max	単位
電　源　電　流		I_{CC1}	$V_{CC}=5V$，出力オープン	0.5	1	3	mA
		I_{CC2}	$V_{CC}=9V$，出力オープン	0.6	1.3	3.5	
		I_{CC3}	$V_{CC}=12V$，出力オープン	0.7	1.5	5	
飽　和　電　圧	L_a, L_b, L_c側	$V_{SL}-1$	$I_O=0.1A$	−	0.12	0.3	V
		$V_{SL}-2$	$I_O=0.5A$	−	0.5	1	
	I_a, I_b, I_c側	V_{SU}	$I_I=1.0mA$	−	−	0.2	
位置検出回路	感　度	V_H		−	20	−	mV_{p-p}
	同相電圧範囲	$CMR-H$		1	−	VCC − 1.5	V
ダ イ オ ー ド 順 電 圧		V_F	$I_F=1A$	−	2	−	V
回転制御入力電圧	正　転	V_{FWD}	ソース電流モード	3.9	−	VCC	V
	ストップ	V_{STOP}	（注）	1.8	−	2.6	
	逆　転	V_{RVS}	シンク電流モード	0	−	0.9	
飽和電圧差（L_a, L_b, L_c側）		ΔV_S	$I_O=200mA$	−	−	50	mV
リ ー ク 電 流		I_L	$V=18V$	−	−	50	μA

（注）8ピンがオープンでもストップ・モードとなる．
　　なお，V_{FWD}時はソース，V_{RVS}ではシンク・モードとなり，V_{STOP}時は電流は流れない．

① ホール素子の駆動回路
② ホール電圧の増幅回路
③ 3相ロジック
④ ドライブ（駆動）回路
から構成されます．

　当初は個別部品を使って設計した時代もありましたが，徐々に1チップ化された専用ICが使われるようになりました．

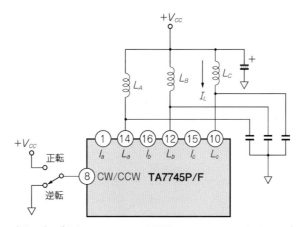

〈図3-4〉 ブラシレスDCモータ駆動IC TA7745P によるユニポーラ駆動回路

図3-3はブラシレスDCモータ制御用IC TA7745P（東芝）の外観と内部ブロック図です．
久しく使われていたICですが，現在は，

　　TA7745PG（DIP製品）　製造中止

　　TA7745PG（SOP製品）　新規設計非推奨

という扱いになっています．今回は，説明のつごう上，このICを紹介します．

　現在はあとで紹介するセンサレス駆動IC，正弦波駆動ICが主流になっています．またマイコンを使って高度な制御を行う方式も一般的になっています．

　TA7745は，

▶ホール素子によるロータ位置検出

▶矩形波駆動

を特徴としたブラシレスDCモータ駆動回路の基本形を1チップに搭載したICです．すでに過去のものとなりつつあるICですが，ブラシレスDCモータの基本的なしくみを説明するのには最適な回路です．筆者もコラムで紹介した「ネオジム磁石を使ったマイクロ・コンプレッサ」などいくつかの設計例を経験したなじみのICです．**表3-1**はTA7745の電気的特性です．

　図3-3の内部ブロック図に示すように，ホール電圧増幅回路，3相ロジックとロー・サイドの駆動回路（最大1A）が1チップに入っています．ユニポーラ駆動であれば，**図3-4**に示すようにモータに直結して駆動できます．

　バイポーラ駆動が必要な場合は，**図3-3**に示すようにプラス側のハイ・サイドにドライバ用のPNPトランジスタを追加します．

　図3-5は筆者が設計したTA7745PによるブラシレスDCモータの駆動回路です．各ホール素子には，定電流を流す必要があります．3素子まとめて2本の電流制限抵抗（680Ω）で擬似的に定電流駆動を行っています．

　各ホール素子 H_a，H_b，H_c のホール電圧出力はTA7745Pの H_a^+，H_a^-，H_b^+，H_b^-，H_c^+，H_c^- 端子に接続します．いずれも，20mVのヒステリシスをもった差動増幅回路です．

　各ホール素子の出力端間に入っている0.01μFのコンデンサは，ホール素子のノイズおよび電源ノイズなどを除去するためのものです．

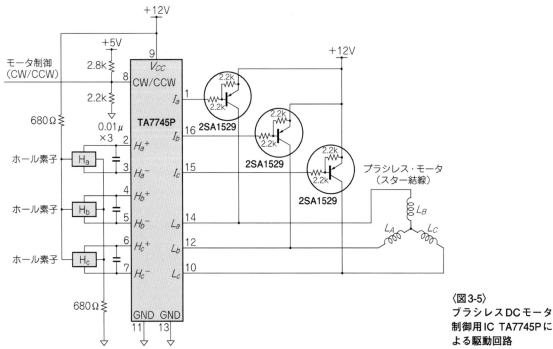

〈図3-5〉
ブラシレスDCモータ
制御用IC TA7745Pに
よる駆動回路

〈表3-2〉[(1)] 3相ブラシレスDCモータ駆動IC TA7745Pの機能

FRS	ホール素子信号			コイル駆動出力		
	H_a	H_b	H_b	L_a	L_b	L_c
逆転 V_{RVS}	1	0	1	H	L	M
	1	0	0	H	M	L
	1	1	0	M	H	L
	0	1	0	L	H	M
	0	1	1	L	M	H
	0	0	1	M	L	H
正転 V_{FWD}	1	0	1	L	H	M
	1	0	0	L	M	H
	1	1	0	M	L	H
	0	1	0	H	L	M
	0	1	1	H	M	L
	0	0	1	M	H	L
停止 V_{STOP}	1	0	1	ハイ・インピーダンス		
	1	0	0			
	1	1	0			
	0	1	0			
	0	1	1			
	0	0	1			

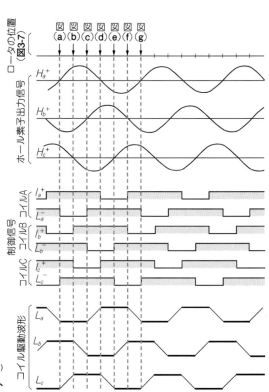

▶〈図3-6〉[(1)]
3相ブラシレスDCモータ制御IC TA7745Pのタイミング・チャート

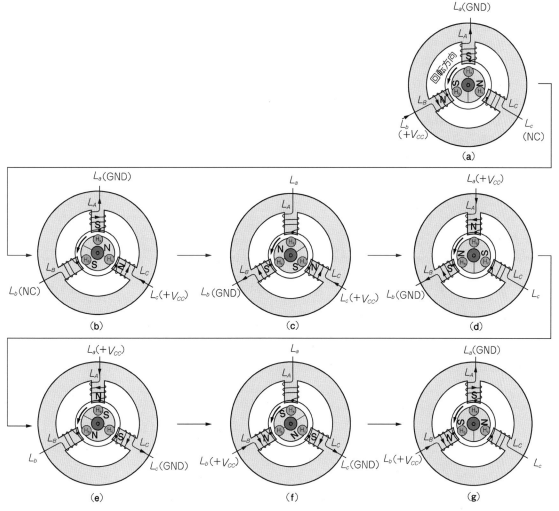

〈**図3-7**〉ブラシレスDCモータの動作原理

　CW/CCWはモータの正転/逆転および停止を制御する信号入力端子です．制御入力の電圧により，

正転	$V_{cc} \sim 3.9\text{V}$
ストップ	$2.6 \sim 1.8\text{V}$
逆転	$0.9 \sim 0.0\text{V}$

となります．入力端を開放すると，ストップ状態になります．

　ロー・サイドのドライバ出力は最大1Aの電流駆動が可能ですから，そのままモータの駆動コイルに接続しました．ハイ・サイドは抵抗内蔵型トランジスタ2SA1529で駆動しています．

　表3-2は3相ブラシレスDCモータ駆動IC TA7745Pの機能表です．8番ピン（CW/CCW）をそれぞれ逆転，正転，停止に設定したときの各ホール素子信号入力とコイル駆動出力の関係を真理値表の形で表しています．

　これをもとに，**図3-5**の回路にあてはめたのが**図3-6**のタイミング・チャートです．ホール素子出力信号は図の$H_a{}^+$，$H_b{}^+$，$H_c{}^+$に示すように正弦波に近い波形です．ホール素子がN極の位置にあるとき正弦波の正のピーク，S極のとき負のピークになります．

　図3-7(a)の位置にロータがあるとき，ホール素子H_aはN極とS極の中間の中和点にあります．**図3-6**のロータの位置＝図(a)のところのH_a出力はホール素子信号出力が零点にあります．

　図3-6に示すホール素子信号入力に対して，TA7745Pはコイル制御信号$L_a{}^-$，$L_b{}^-$，$L_c{}^-$，$l_a{}^+$，$l_b{}^+$，$l_c{}^+$を出力します．これらの信号は，**図3-3**の内部ブロック図の3相ロジック回路で作られます．

　図3-5の回路に**図3-7**のブラシレスDCモータを接続すると，各コイルの波形は，**図3-6**のL_a，L_b，L_cのようになります．

　コイル駆動波形L_a，L_b，L_cの太線部分は，コイルがハイ・サイドあるいはロー・サイドの駆動回路により駆動されている時間です．

　それ以外の時間はコイルが駆動されていない状態で，マグネット・ロータの回転によって発生する誘起電圧が現れています．

　図3-6のロータの位置(a)～(g)は，**図3-7**のブラシレスDCモータの動作原理図(a)～(g)に対応しています．

　まず，**図3-7**(a)の位置にロータがあるとき，**図3-6**のタイミング・チャートより各コイルの駆動信号は，

L_a = GND
L_b = + V$_{cc}$
L_c = NC　　　　　　；NC(Non-Contact，未接続)

となります．

　電流はスター結線を経由してL_bからL_aに流れます．その結果，界磁の極性は，

L_a = S極
L_b = N極

となり，ロータには反時計方向のトルクが発生します．

　ロータが60°回転して**図3-7**(b)の位置にくると，コイル駆動信号は，

L_a = GND
L_b = NC
L_c = + V$_{cc}$

となります．その結果，界磁極性は図のように，

L_a = S極
L_c = N極

となり，引き続きロータには反時計方向のトルクが発生します．

　同様にして，(b)→(c)→(d)→(e)→(f)→(g)と，ロータの回転によって発生するホール素子信号にしたがって，TA7745Pはコイル駆動をコントロールし，ロータに絶えず反時計方向のトルクを発生させます．

　図3-7(g)はロータが360°回転した状態で，図(a)と同じ位置関係にあります．

3-7 センサレス，正弦波駆動，ベクトル制御に対応するブラシレスDCモータ

　図3-8はDCブラシ・モータとブラシレスDCモータの比較です．ブラシレスDCモータは機械的接点をトランジスタ，FETなどの電子スイッチに置き換えることにより，耐久性（寿命），制御性が大幅に向上しました．

　ブラシレスDCモータは，応用分野の広がりの中で大きく進化してきました．図3-9は多くのモータ駆動ICを供給してきた東芝セミコンダクタ＆ストレージ社のブラシレスDCモータ・コントローラの製品ロード・マップです．

　このロードマップに見られるように，ブラシレスDCモータは，
① ホール素子からセンサレス駆動方式へ
② 矩形波駆動から正弦波駆動方式へ
③ センサレス＆正弦波駆動方式へ

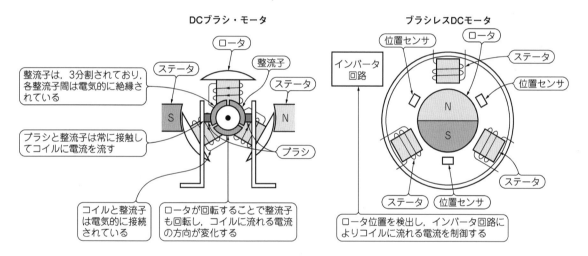

項目	DCブラシ・モータ	ブラシレスDCモータ
ロータ構造	コイル	永久磁石
ステータ構造	永久磁石	コイル
制御機構	ブラシと整流子（モータ内部）	インバータ回路
ロータ位置検出	不要	必要（ロータ位置により制御）
起動	容易	制御必要（加速動作）
速度可変	容易（電圧比例）	制御必要（電圧＋周波数比例）
正転/逆転	容易（極性を逆にする）	制御必要（制御順番を逆にする）
制御性	良い	良い
耐久性	低い（ブラシ磨耗のため）	高い（ブラシなし）
音，振動，ノイズ	—	静かで低振動，低ノイズ
効率	—	良い（正弦波駆動可能）
価格	比較的安価	制御回路含めると少々高い

〈図3-8〉 DCブラシ・モータとブラシレスDCモータの比較

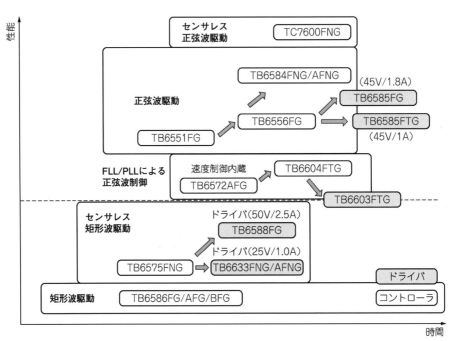

〈図3-9〉[2] ブラシレスDCモータ・コントローラ/ドライバ・シリーズ（東芝）

④ ベクトル制御の導入

と大きく進化してきました．その技術内容について次章で解説します．

◆ 引用文献 ◆

(1) 東芝，TA7745Pデータシート
(2) 東芝，パンフレット

第3章 Appendix

ACインダクション・モータの動作原理

　ブラシレスDCモータを採用した扇風機の消費電力は従来のモータを採用した扇風機と比べて1/2～1/3になったと紹介しました．ここでいう「従来のモータ」とは，AC（交流）インダクション・モータです．

　ACインダクション・モータは従来から電気洗濯機，掃除機，扇風機，エアコン，ポンプ，冷蔵庫など，「回転する家電製品」のほとんどに使われてきました．

　インダクション・モータは代表的なAC（交流）モータです．**図3-D**に示すように，交流電流によって生じる回転磁界の中にカゴ型巻き線を配置し，この巻き線に発生する誘導（インダクション）電流と回転磁界の相互作用の働きにより回転するモータです．

● アラゴの円盤の原理を応用

　インダクション・モータは，1924年にフランスの物理学者アラゴが発見した「アラゴの円盤」の原理を応用したモータです．**図3-E**はアラゴの円盤を現代流にアレンジして再現したものです．

　まず，一対のフェライト磁石を貼り付けた鉄の円盤と，相対向させてアルミの円盤を配置します．2枚の円盤の中心軸は同一線上にありますが，つながっていません．

　ここで，磁石を貼り付けた円盤を高速に回転させると，アルミの円盤も回転し始めます．これが「アラゴの円盤」と呼ばれる現象です．

　アルミ板が鉄板であれば，磁石に引き付けられて回っても何の不思議もありません．しかし，磁石にはくっつかないアルミの円盤がフェライト磁石とともに回転するというのが不思議なところです．

　図3-Fは筆者がある子供科学館で見かけた「不思議な卵」のデモンストレーションの見取り図です．四角の箱の中央に，茶ワン型のくぼみがあり，その中にアルミ製の卵を入れると回転します．箱を開け

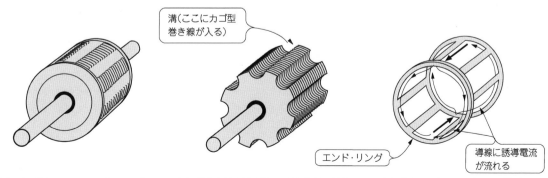

（a）インダクション・モータのロータ　　　（b）溝をきざんだ積層ケイ素鋼板製の鉄芯　　　（c）銅もしくはアルミ製のカゴ型巻き線

〈図3-D〉3相インダクション・モータのロータ（回転子）の構造

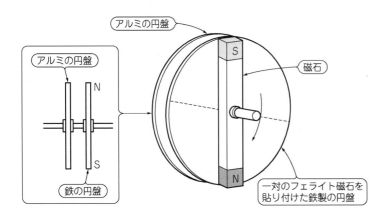

〈図3-E〉
アラゴの円盤の実験
（一対のフェライト磁石を貼り付けた鉄板を高速に回転させると，対向して配置されたアルミの円盤も回転する）

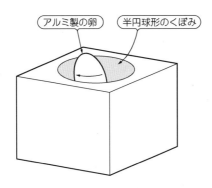

〈図3-F〉
アラゴの円盤の応用による不思議な卵
（子供科学館で見つけた）

て確かめたわけではありませんが，これも「アラゴの円盤」の応用と考えられます．

● **3相インダクション・モータの動作原理**

　3相交流は**図3-G**(**b**)に示すように，おたがいに120°ずつ位相が異なる正弦波電圧です．この3相交流を**図3-G**(**a**)のコイルL_A, L_B, L_Cに加えてみましょう．

　各コイルは120°間隔に配置されています．ちょうど3相ブラシレスDCモータのステータ（界磁）巻き線と同じ構造です．

　ブラシレスDCモータの場合は方形波でしたが，3相インダクション・モータの場合は正弦波ですから，いっそうなめらかな回転磁界が発生します．これは，図のようにN極とS極の磁石を回転させたときに生じる回転磁界と同じものです．

　次に，この回転磁界の中に，**図3-D**のロータを入れてみましょう．このロータは，溝をきざんだ積層ケイ素鋼板製の鉄心と，これをとり巻くように配置されたカゴ型巻き線により構成されています．

　このロータを回転磁界の中へ入れると，カゴ型巻き線に誘起電圧が発生し，誘導電流が流れます．先に「フレミングの右手の法則」を紹介しましたが，これにより誘導電流の方向は，**図3-G**(**c**)の矢印の方向になります．

　ロータのカゴ型巻き線は動きませんが，磁界が時計方向に回転します．このため，カゴ型巻き線が反時計方向に回転したときと同じ方向の誘起電圧が発生します

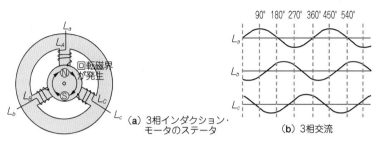

〈図3-G〉 120°間隔で配置したコイルL_A, L_B, L_Cに3相交流を流すと回転磁界ができる

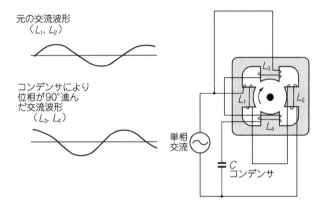

〈図3-H〉 単相インダクション・モータ(コンデンサを使って位相を進めることにより回転磁界を作る)

カゴ型巻き線は低抵抗の導体(銅あるいはアルミ)でできていますから, **図3-D(c)** の矢印の方向に大電流が流れます.

そこで, 次は「フレミングの左手の法則」の出番です. 磁界中の導体に電流が流れていますから, この導体には力が働きます. その方向を求めると, 磁界の回転方向＝時計方向であることがわかります.

回転磁界によって生じる誘導電流, そしてこの電流と磁界の相互作用によるトルクの発生—これが「アラゴの円盤」と「インダクション・モータ」の回転の秘密です.

● 単相インダクション・モータの場合

単相交流の場合は, そのままでは回転磁界を作ることができません. そこで, **図3-H** に示すように, コンデンサを使って交流波形の位相を進め, これを図のように90°の位置に配置したコイルに流します.

コンデンサは交流回路において, 交流波形の位相を90°進める働きをします. 単相インダクション・モータに使われるこのコンデンサは, 進相用コンデンサと呼ばれます

第4章

センサレス駆動, 正弦波駆動を採用する

ブラシレスDCモータの駆動方式の進化

江崎 雅康

　ブラシレスDCモータは, 冷蔵庫, ドラム型洗濯機, インバータ・エアコンなどの家電製品に使われるようになり, 応用分野が広がる中で進化してきました.

　その主な流れは, 第3章で示したように,

① ホール素子センサをなくしてセンサレス駆動方式へ

② 矩形波駆動から正弦波駆動方式へ

③ センサレス＆正弦波駆動方式の採用

④ ベクトル制御の導入

にまとめることができます.

　センサレス方式の採用によりホール素子などの部品を削減し, 過酷な条件のもとでブラシレスDCモータを駆動することができるようになりました. また, 図4-1に示す正弦波駆動の採用により, エネルギー効率の改善およびモータの騒音や振動を抑制することが可能になりました.

　そしてセンサレス＆正弦波駆動にベクトル制御技術を導入することにより, 静かで強力な, そしてエネルギー利用効率を極限まで高めたブラシレスDCモータが実現しました.

　本章では「センサレス駆動方式」および「正弦波駆動方式」についてその仕組みを解説します.

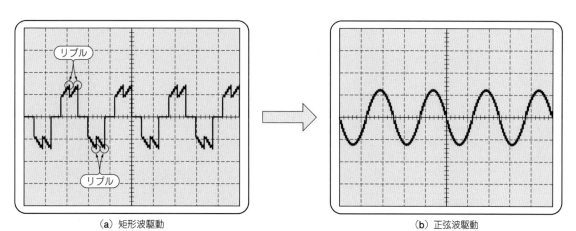

（a）矩形波駆動　　　　　　　　　　　　　　　　　（b）正弦波駆動

〈図4-1〉家庭用ブラシレスDCモータ駆動の進化（正弦波駆動により騒音と振動を抑えることに成功）

4-1　ブラシレスDCモータをセンサレス駆動する理由

　従来の整流子を備えたDCブラシ・モータとくらべると，ブラシレスDCモータは長寿命，ノイズレス，ダストレス，信頼性の向上と，たいへんすぐれた特徴があります．

　しかし，このブラシレスDCモータにも，つぎのような欠点があります．

① モータ配線が多い

　たとえば3相ブラシレスDCモータの場合，図4-2に示すようにホール素子配線8本＋駆動端子3本をあわせて最低でも11本の配線が必要です．従来の整流子型モータの配線2本とくらべて，モータへの実装がたいへん煩雑になります．

　駆動回路をモータの中へ組み込んでしまえば，この問題は解決します．しかし，通常のモータを使用する環境は高温，高圧，高ノイズなど電子回路を動作させる環境に適していないことが多いので，モータと制御回路の間を配線することは避けられません．

② ホール素子はデリケートな半導体である

　ホール素子は非接触で位置を検知するため機械的な損失がなく耐久性が高いのですが，高温環境に弱く劣悪な条件では使うことができません．

　半導体で製造されているホール素子は高温・高圧の環境下では素子の破壊や特性の劣化が起こります．このため高温・高圧になる冷媒と潤滑油の中で動作するロータリ・コンプレッサに使うことはできません．

　また，ホール素子周辺の電子回路はノイズの影響，金属ダストや水分によるショート，誤動作の問題

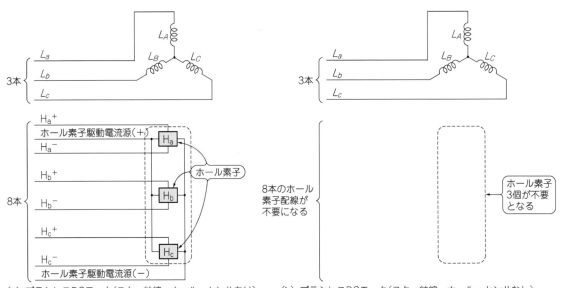

（a）ブラシレスDCモータ（スター結線，ホール・センサあり）　　（b）ブラシレスDCモータ（スター結線，ホール・センサなし）

〈図4-2〉ブラシレスDCモータのホール素子センサをなくすメリット

にも注意を払う必要があります.

③ 小型化と組み立ての簡素化が困難

　ブラシレスDCモータはホール素子とマグネット・ロータの配線などに精度を要する部分が多く,小型化したり組み立てを簡素化することが困難です. そこで**図4-2**に示すように,ブラシレスDCモータに取り付けられているホール素子をなくすことを考えてみましょう.

　ホール素子は**図4-3**(**a**)に示すように, モータのロータ(回転子)の位置を検出して界磁をつくる駆動コイルの電流を切り替えるためのセンサです. ホール素子をなくすためには, モータのロータの位置を何らかの方法で検出する必要があります.

　第2章でモータが回転すると, コイルに誘起電圧が発生するという説明をしました. **図4-4**は3相インバータの駆動波形と誘起電圧を示しています.

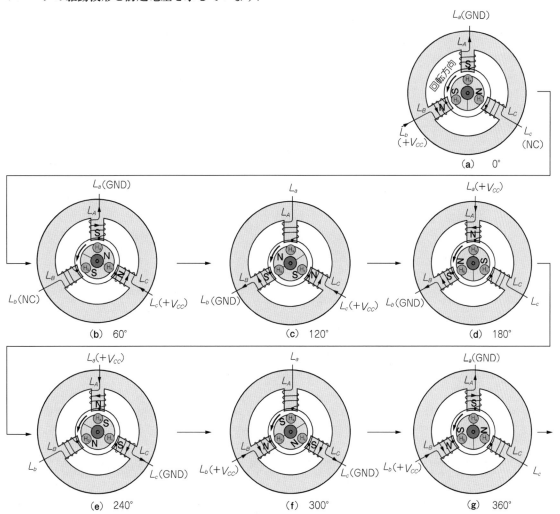

〈**図4-3**(**a**)〉ブラシレスDCモータの動作原理

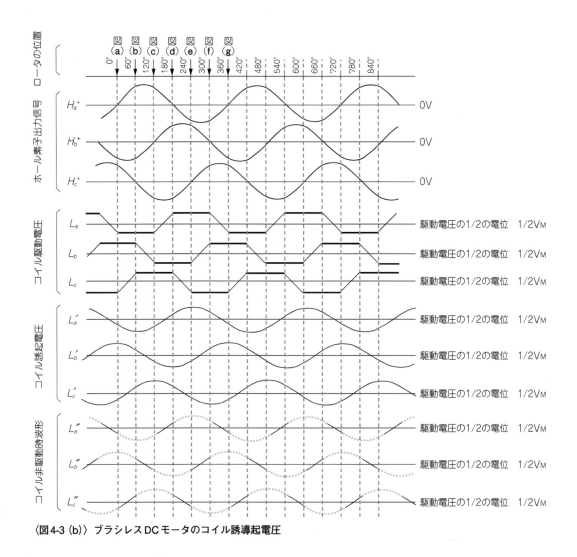

〈図4-3（b）〉ブラシレスDCモータのコイル誘導起電圧

　モータが回転している間，誘起電圧は絶えず発生しています．しかしコイルがHighもしくはLowに駆動されている時間は，誘起電圧は駆動電圧に吸収されてしまい，波形を観測することはできません．

　コイルが駆動されていない時間，コイルは電気的にフローテイングの状態になり，誘起電圧を読み取ることができます．

　センサレス駆動方式は，コイルに発生する誘起電圧からロータの位置を検出してコイルの電流を切り替える方式です．

4-2 コイルの誘起電圧によるセンサレス駆動の原理

　図4-3（a）は前章で紹介したブラシレスDCモータの動作原理図，図4-3（b）は動作時のタイミング波形です．図4-3（a）に示すロータの回転角

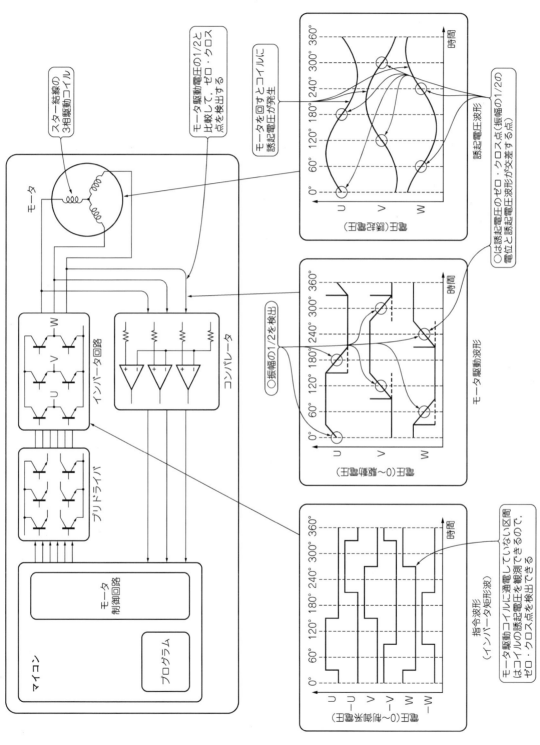

〈図4-4〉**誘起電圧による位置検出**　センサレス駆動方式では、コイルに発生する誘起電圧からロータの位置を検出してコイルの電流を切り替える

$$0° \rightarrow 60° \rightarrow 120° \rightarrow 180° \rightarrow 240° \rightarrow 300° \rightarrow 360°$$

に相当するホール素子出力信号，コイル駆動波形，コイル誘起電圧，
▶ホール素子出力信号（$H_a{}^+$, $H_b{}^+$, $H_c{}^+$）
▶コイル駆動電圧　　　（L_a, L_b, L_c）
▶コイル誘起電圧　　　（L_a', L_b', L_c'）
を表しています．

　今，回転中のブラシレスDCモータの各コイルの駆動電流を切ってみましょう．ロータは慣性によってしばらくのあいだ回転しますが，そのとき，駆動コイルに発生する誘起電圧の波形L_a'，L_b'，L_c'を観測することができます．このときブラシレスDCモータは完全な3相交流発電機になっています．

　図4-3 (b)の$L_a \sim L_c$の駆動電圧波形を$L_a' \sim L_c'$の誘起電圧波形と比較すると，$L_a \sim L_c$の非駆動時間の波形は$L_a' \sim L_c'$の波形と一致していることがわかります．

　次に，コイルの誘起電圧（$L_a' \sim L_c'$）とホール素子出力信号（$H_a \sim H_c$）を比較してみましょう．誘起電圧波形の極性を反転させ，位相を約30°遅らせるとホール素子の出力信号に重なります．

　これからわかるように，ブラシレスDCモータのホール素子信号の代わりに，コイルの誘起電圧を利用することができます．

　ただし，一つだけ問題が残されています．ホール素子は磁界の強さを検出する素子です．ロータが完全に静止しているときでも，ロータ位置の検出が可能です．

　しかし，コイルの誘起電圧は，ロータが回転しているときしか出力されません．このため，コイルの誘起電圧をロータ位置検出信号として使うセンサレス・モータ駆動回路では，起動時だけ強制的にロータを回転させる仕組みが必要になってきます．

4-3　ブラシレスDCモータのセンサレス駆動用IC TB6588を使った制御の仕組み

　図4-5 (a)はブラシレスDCモータのセンサレス駆動用IC TB6588FG（東芝　セミコンダクタ＆ストレージ社）の内部ブロック図と応用回路例，**図4-5** (b)はピン配置図です．

　このICは3相全波ブラシレスDCモータのセンサレス駆動制御を行います．ブラシレスDCモータのセンサレス制御回路と3相ブリッジ駆動回路が内蔵されています．

　速度指令端子（VSP）に加えるリニア電圧により，駆動信号をPWM制御する機能も内蔵しています．速度指令電圧によりPWMのデューティ（パルス幅）を変えることにより回転数を制御します．

● TB6588のセンサレス駆動の起動シーケンス

　ブラシレスDCモータのセンサレス駆動用IC TB6588は，リニア電圧信号（VSP）によりスタート指令を受けると，次の順序でセンサレス駆動を開始します．

① 直流励磁期間

　ブラシレスDCモータの起動時のロータ位置はわからないので，コイルに強制電流を流してロータを始動位置まで回転させて固定します．

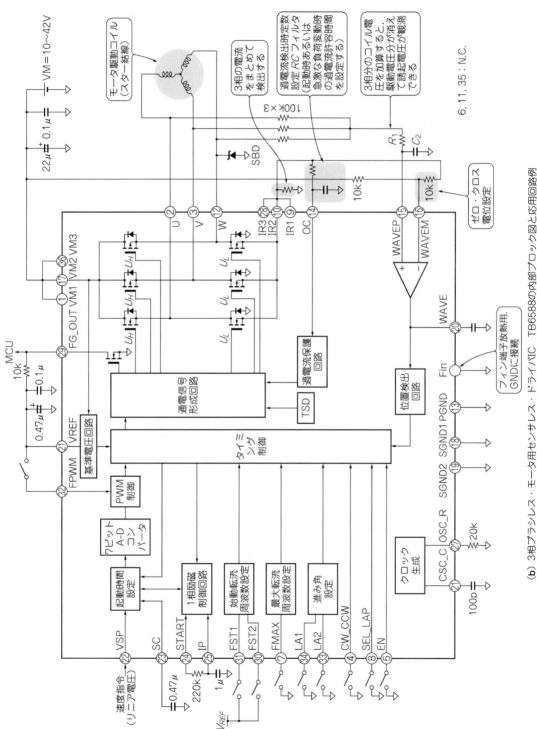

〈図4-5(a)〉[1]　ブラシレスDCモータのセンサレス駆動用IC TB6588FGの内部ブロック図と応用回路例

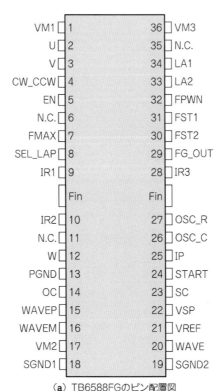

VM1	1		36	VM3
U	2		35	N.C.
V	3		34	LA1
CW_CCW	4		33	LA2
EN	5		32	FPWN
N.C.	6		31	FST1
FMAX	7		30	FST2
SEL_LAP	8		29	FG_OUT
IR1	9		28	IR3
	Fin		Fin	
IR2	10		27	OSC_R
N.C.	11		26	OSC_C
W	12		25	IP
PGND	13		24	START
OC	14		23	SC
WAVEP	15		22	VSP
WAVEM	16		21	VREF
VM2	17		20	WAVE
SGND1	18		19	SGND2

(a) TB6588FGのピン配置図

〈図4-5(b)〉[1]
ブラシレスDCモータのセンサレス
駆動用IC TB6588FGのピン配置図

図4-6(a)に示す直流励磁期間がこの期間で，U-V間に電流を流してモータのロータ位置を始動位置に固定します．TB6588FGでは，外付けのコンデンサ(C_2)と抵抗(R_1)の値でこの直流励磁期間を設定します．

IP端子電圧がV_{REF}から$V_{REF}/2$になる(a)の期間に直流励磁でロータをスタート位置に固定します．

② 強制転流期間

次に，停止状態のロータにゆっくりと回転磁界を加えて回転始動させる期間で，ロータをステッピング・モータのように一定周期の回転磁界で始動させます．

図4-6(b)に示す強制転流期間がこの期間に相当します．コントローラは一定周波数で強制転流の通電信号を出力し，モータを回転させます．

この期間はロータの位置を検出してコイルの電流を切り替えているわけではありません．ロータの慣性とコイルの磁気トルクを考慮して転流周波数を慎重に設定する必要があります．

強制転流によりモータの回転数がFST1，FST2端子で設定される強制転流周波数を超えるとセンサレス・モードに切り替わります．

③ モータ誘起電圧の検出

強制転流によりモータが回転を始めると，各相の巻き線に誘起電圧が発生します．この誘起電圧が位置信号入力端子に入力されると，自動的に強制転流からセンサレス駆動に切り替わります．

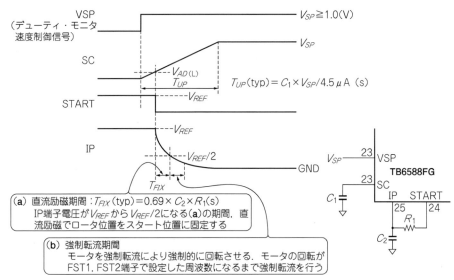

〈図4-6〉[1]　ブラシレスDCモータのセンサレス駆動用IC TB6588FGの始動時動作

④ センサレス動作開始

モータが回転を始めると各相の誘起電圧からロータの位置がわかるので，これにしたがって相駆動信号の切り替えを行います．

直流励磁，強制転流の時間設定はモータおよび負荷により変わるので実験による合わせ込みが必要となります．またセンサレス起動後も，急激なトルク変動や速度指令電圧の変動によっては脱調を起こすこともあります．

● PWMによるTB6588FGを使ったセンサレス駆動の速度制御

図4-7はブラシレスDCモータのセンサレス駆動用IC TB6588FGのPWM速度制御の仕組みを説明するために，3相コイル駆動回路の内の1相分（U相）を取り出して表示したものです．**図4-5**（b）に示すように，TB6588の駆動回路は，

　　　上側（ハイ・サイド）　　　PNP型FET
　　　下側（ロー・サイド）　　　NPN型FET

で構成されています．

上側駆動FETはPNP型ですから，

　　　上側通電信号　　U_H = Low

の時，コイルUは駆動されます．また下側駆動FETはNPN型ですから，

　　　下側通電信号　　U_L = High

の時，コイルUは駆動されます．

速度制御は上側FET駆動信号をPWM制御することによって行います．PWMの駆動パルス幅を広くすると駆動パワーは大きくなり，パルス幅を狭くすると駆動パワーは小さくなります．

上側も下側も駆動されていない時，コイルUはフローティング状態になり，誘起電圧が観測できます．この誘起電圧はセンサレス駆動に必要なロータ位置検出に使われます．

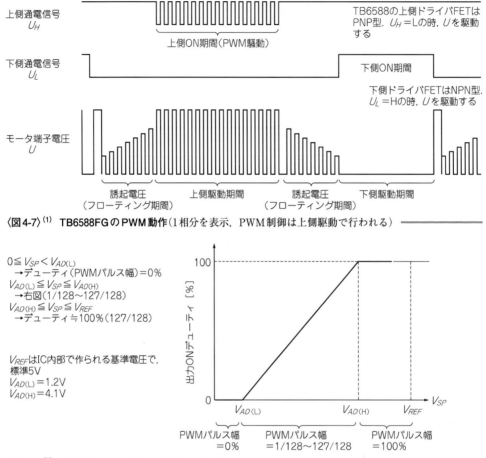

〈図4-7〉[(1)]　**TB6588FGのPWM動作**（1相分を表示，PWM制御は上側駆動で行われる）

〈図4-8〉[(1)]　**速度制御VSP端子の役割**（VSP端子に入力されるアナログ電圧を7ビットA-Dコンバータで変換し，PWMのデューティを制御する）

　直流励磁期間と強制転流期間の駆動パルス幅はSC（ソフト・スタート）端子の電圧によって決まります．
　センサレス駆動期間の駆動パルス幅は**図4-8**に示す速度指令端子（VSP）のリニア電圧で決定されます．回転するモータの速度と目標速度との差を検出してフィードバックをかけることで，負荷が変動しても一定速度を維持するように制御します．

● **TB6588FGの保護動作**
　モータは過大なトルクや負荷変動により回転が停止した状態で通電を続けると駆動コイルや駆動回路素子に過大な電流が長時間流れ，コイルの焼損，駆動素子の破壊を招きます．
　ブラシレスDCモータも例外ではありません．特にセンサレス駆動の場合は，回転が停止するとロータの位置を検出するセンサ機能も失われるので，十分な保護機能を備えています．

① 速度異常

　図4-9はTB6588FGの保護動作の仕組みです．モータが

▶最大転流周波数を超えた場合

▶強制転流周波数以下に減速した場合

には，図に示すように駆動出力信号をOFFにします．そして出力OFFから約1秒後にモータの再スタートを行います．

② 過熱異常

　図4-10はTB6588FGの過熱を検出した場合の異常処理シーケンスです．ICが165℃以上になるとTSD（Thermal ShutDown;過熱保護）機能が働いて，出力をOFFにします．そして150℃以下に温度が下がったところで，再度，起動シーケンスによって再始動します．

③ 過電流保護回路

　図4-11はTB6588FGの過電流保護回路の仕組みです．負荷電流検出抵抗R_1により最大負荷電流を設

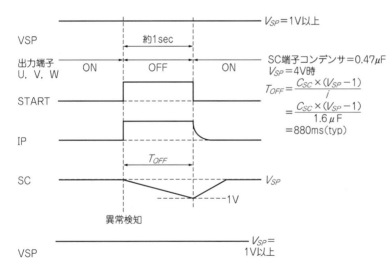

SC端子コンデンサ=0.47μF
V_{SP}=4V時

$$T_{OFF} = \frac{C_{SC} \times (V_{SP}-1)}{i}$$

$$= \frac{C_{SC} \times (V_{SP}-1)}{1.6\,\mu F}$$

$$= 880\text{ms(typ)}$$

〈図4-9〉[1]　**保護動作**

保護動作はEN端子の論理によって機能させるかを決定する（プルアップ抵抗内蔵）
High，Open：保護動作ON
Low　　　：保護動作OFF
保護動作はWAVEP，WAVEM端子より以下の動作を検知した場合にはモータの異常状態と判断し，出力をOFFにする．出力OFFから約1秒後にモータの再スタートを行う．異常が続いた場合は，この動作を繰り返す．

▶最大転流周波数を超えた場合
▶強制転流周波数以下に減速した場合

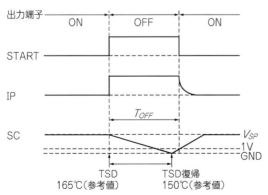

〈図4-10〉[1]　**TSD（加熱検出）による異常処理**

TSDは165℃（標準値）の過熱を検出した場合にはモータの異常状態と認識して，出力をOFFにする．このとき，START端子：H，SC端子：Lに変化する．温度が150℃（標準値）に冷えてTSD復帰後，起動時と同様のシーケンスによって再始動する．

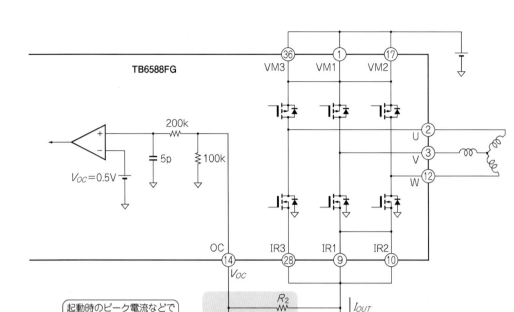

TB6588FG

〈図4-11〉(1) **過電流保護回路**
電流(I_{OUT})検出抵抗端(IR1, IR2, IR3)の電圧が0.5Vになると, 過電流保護回路が働く. たとえば, R_1の抵抗値を0.33Ωに設定した場合, I_{OUT}(typ)=0.5V(typ)/0.33Ω≒1.5Aの付加電流で過電流保護回路が作動する.

定します.

たとえば, 電流検出抵抗R_1を0.33Ωに設定した場合, 過電流検出電圧,

$$V_{OC} = 0.33\,\Omega \times I_{OUT} \qquad ; I_{OUT}は負荷電流$$

が過電流信号入力端子(OC)に入力されます.

V_{OC}が過電流検出電圧0.5Vを超えると過電流保護回路が作動して3相駆動回路のハイ・サイドFETをOFF状態にしてモータを停止します.

モータの起動時や一時的な高トルク負荷電流によって保護回路が作動してはまずいので, 抵抗R_2, コンデンサC_2による時定数回路により, 過電流許容時間を設定します.

● TB6588FGの進み角制御

TB6588FGは,

0°, 7.5°, 15°, 30°

の進み角制御機能を備えています. これは**図4-12**に示すように, 誘起電圧と駆動通電信号の位相を調整する機能です.

進み角の設定は信号入力端子LA2, LA1をHighもしくはLowに設定することによって行います. 端子をOpen(開放)にすると, Highとみなされます.

LA2:LA1 = High:High → 進み角30°
LA2:LA1 = High:Low → 進み角15°

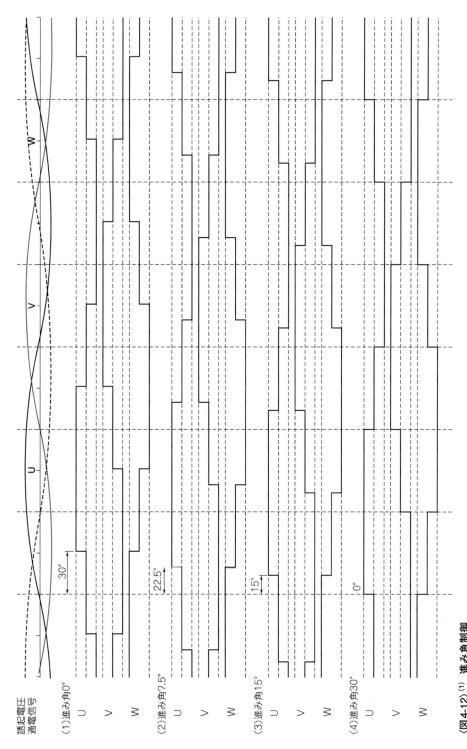

〈図4-12〉[1]　**進み角制御**

始動の強制転流中は進み角0°で動作．通常転流動作に切り替わったあとは，LA1，LA2端子により設定された進み角に自動的に変化する．各進み角の波形を示す．

　　LA2 :LA1 ＝ Low : High　　　→ 進み角7.5°

　　LA2 :LA1 ＝ Low : Low　　　→ 進み角0°

　強制転流中は進み角0°で動作します．センサレス動作に切り替わった後は，LA1，LA2端子によって設定された進み角に変化します．

4-4 ブラシレスDCモータの正弦波駆動方式のメリット

　ブラシレスDCモータの次の進化は，**図4-1**に示した「正弦波駆動」です．モータの駆動方式を矩形波から正弦波にすると，モータの騒音や振動を減少させることができます．

　矩形波駆動の場合は，駆動コイルの電流を

▶ OFFからON（＋）へ

▶ ON（＋）からOFFへ

▶ OFFからON（－）へ

▶ ON（－）からOFFへ

と急激に切り替えるので，振動や騒音が発生しやすくなります．

　また駆動コイルにはインダクタンス成分があるので，矩形波駆動により急激な電流の切り替えを行うと誘起電圧が発生します．その結果，**図4-1**に示すように電流波形にリプルが発生し，モータの騒音や振動の原因になります．これはモータのエネルギー効率の点からもよくありません．

　図4-13は正弦波駆動IC TB6585FG（東芝）の内部ブロックと応用回路です．このICはホール素子によりロータ位置を検出して正弦波駆動を行うので，センサレス駆動ではありません．

　マイコンからVSP（速度電圧指令電圧入力端子）に入力する指令値によって，モータの始動および速度制御を行います．

4-5 始動は矩形波駆動，回転し始めたら正弦波駆動に移行する

　TB6585はホール素子を位置センサとして矩形波駆動でブラシレスDCモータを駆動します．**図4-14**はTB6585の3相駆動動作フローチャートです．

　ホール素子の位置信号から位置推定ロジック回路によりU相，V相，W相の駆動タイミングを割り出します．

　CR発振回路により生成されるクロックはロジック回路の基本クロックおよびPWMパルス波形生成のための三角波（キャリア周波数）として使われます．

　VSP端子に加えられる指令電圧 V_{SP} は，

▶ モータの停止 / 始動指令

▶ モータの速度制御指令

として使われます．

　図4-15はVSP電圧指令入力による正弦波PWM変調制御の仕組みです．

　図4-15（a）に示すように，

(1)　電圧指令入力：$0\,\mathrm{V} < V_{SP} \leqq 0.5\,\mathrm{V}$ の時

　　　→モータ停止（駆動出力をOFFにする．）

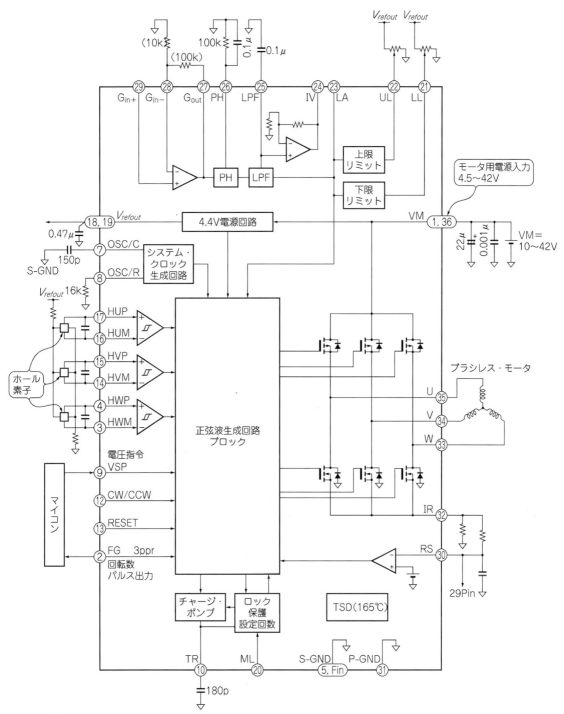

〈図4-13〉[(2)]　正弦波駆動IC TB6585FG（東芝）のブロック図と応用回路

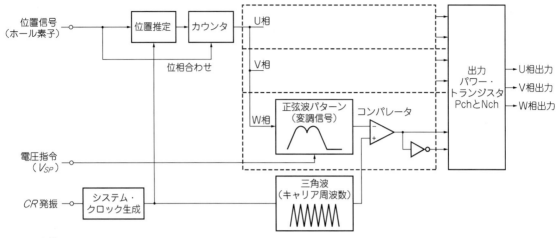

〈**図4-14**〉[(2)]　**TB6585の3相駆動動作フローチャート**

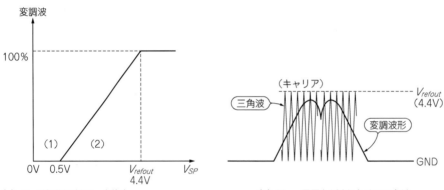

（**a**）$V_{SP} \leqq 0.5\mathrm{V}$ではモータ停止
0.5 < V_{SP}でモータ駆動開始
ホール素子信号が2.5Hzまでは矩形波駆動
ホール素子信号が2.5Hz以上では正弦波駆動

（**b**）V_{refout}電圧を100%とする三角波
（キャリア）と変調波形の比較によ
りPWM変調

〈**図4-15**〉[(2)]　**VSP電圧指令入力による正弦波PWM変調**

（2）　電圧指令入力：$V_{SP} \geqq 0.5\,\mathrm{V}$の時
　　　→モータ始動＆正弦波駆動
となります．

　V_{SP}が0.5 Vを超えるとモータはホール素子信号に同期して矩形波駆動を開始します．**図4-16**（a）に示すように上側（ハイ・サイド）はPWM駆動，下側（ロー・サイド）はフラットな矩形波となります．

　上側のPWM駆動波は三角波（キャリア周波数）と定電圧値とのコンパレータ出力により生成されます．

　ホール素子信号が2.5Hzに達すると，矩形波駆動から正弦波駆動に移行します．**図4-16**（b）に示すように，正弦波の裾野に相当するタイミングはPWMの波形幅を狭く，頂点に相当するタイミングでは波形幅を広く駆動します．

　図4-16（b）に示すU相，V相，W相の波形は電圧波形ですが，各相コイルに流れる電流波形は正弦波に近くなります．

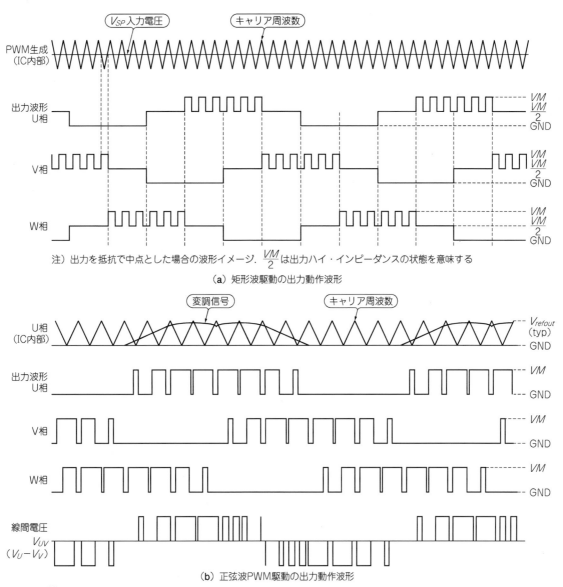

注）出力を抵抗で中点とした場合の波形イメージ．$\dfrac{VM}{2}$は出力ハイ・インピーダンスの状態を意味する

（a）矩形波駆動の出力動作波形

（b）正弦波PWM駆動の出力動作波形

〈図4-16〉[(2)]　**PWM波駆動の出力動作波形**

　この正弦波PWM駆動信号は，**図4-15**（b）に示すように，三角波（キャリア周波数）と変調波形を**図4-14**に示すコンパレータで比較することにより生成されます．

　この変調波形は特異な形をしていますが，**図4-17**に示すように，ホール素子信号を位相ごとに切り出してつなぎ合わせた形になっています．

　変調波形の波高値は電圧指令値V_{SP}を反映して速度制御を行うことができます．

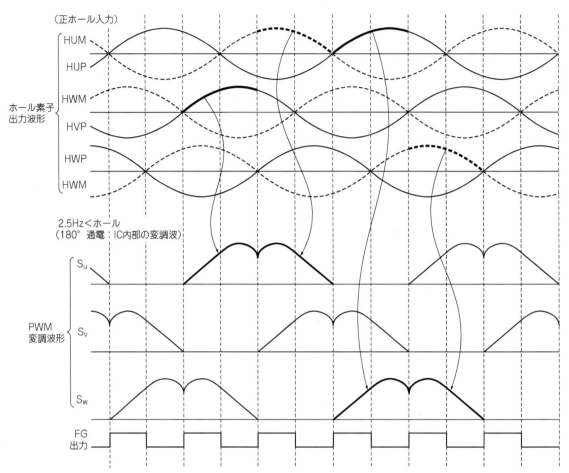

〈図4-17〉⁽²⁾　**正弦波PWM変調波形の生成法**（正転動作タイミング・チャート，CW/CCW = Low，LA = GND）

◆ 引用文献 ◆

(1) 東芝，TB6588FG データ・シート，2011-02-24

(2) 東芝，TB6585FG，TB6585FTG データ・シート，2011-09-09

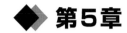

第5章

電流がロータに及ぼす力を最大限回転トルクとして発揮させる

ブラシレスDCモータのベクトル制御理論

小柴 晋／江崎 雅康

近年の省エネ意識の高まりや商品性の向上により，モータ制御にさらに高度なものが要求されています．たとえば家電分野においては，当初，AC電源で直接駆動できる誘導モータやユニバーサル・モータ[注1]が主流でしたが，1990年代後半より，効率がよく自由に速度を可変できる永久磁石同期式モータ（PMSM：Permanent Magnetic Synchronized Motor）[注2]のインバータ駆動（120°通電）が採用されるようになりました．

センサレス駆動，正弦波駆動，センサレス正弦波駆動と進化してきたブラシレスDCモータの駆動方式は，2000年代に入って32ビット・マイコンの処理能力を最大限に生かしたベクトル制御方式が主流になっています．

32ビット・マイコンの価格が下がったことで，効率の向上や振動を抑えることがセンサレスで実現できるベクトル制御を安価に実現できるようになったという背景があります．本章では，現在，主流となっているこの永久磁石同期式モータ（PMSM，以下本書ではブラシレスDCモータとする）によるベクトル制御について説明します．

5-1 ブラシレスDCモータの主流となったベクトル制御技術のメリット

120°通電制御によるブラシレスDCモータのインバータ駆動は，1相あたり，

　　　＋通電120°　→　無通電60°　→　−通電120°　→　無通電60°

を繰り返します．3相では電気角360°あたり6回，出力を切り替えます．この出力を切り替えるタイミングはホール・センサの出力によって決まります．

センサレス駆動の場合は，無通電区間（60°×2回）において誘起電圧からモータ位置を算出します．このように制御周期が電気角60°単位で行われるため，高性能なコントローラを必要とせず安価に実現できます．

その反面，出力波形は台形状になるので，正弦波駆動と比べて振動が多くなります．また制御周期が長いので，トルク変動に応じた細かなフィードバックは不可能です．

これらのデメリットを払拭したのがベクトル制御です．制御は$64\mu s \sim 250\mu s$のPWM（Pulse Width

---

注1：ユニバーサル・モータ．ブラシとコミュテータをもつロータを使用するという点でDCブラシ・モータと似ている．ステータには永久磁石の代わりに巻き線を使用するが，基本原理は同じ．ステータ巻き線がロータと直列に接続されており，極性を相互に反転させても，モータは極性にかかわらず同じ方向に回転する．

注2：永久磁石同期式モータ（PMSM：Permanent Magnetic Synchronized Motor）．ブラシレスDCモータ（BLDC）とほぼ同じ意味で使われる．本書では以下ブラシレスDCモータを使うことにする．

Modulation；パルス幅変調)周期で行われます．A-Dコンバータで取得した3相の電流値から各種演算を行い，モータ位置を検出し，最適なPWM周期を出力します．

このように短い周期で電流フィードバックを行うことにより，負荷変動に追従した制御が可能になります．また磁界の異なるモータに対しても，最適な出力を行うことができます．

5-2 ベクトル制御の概念と制御方式，基本的な制御フロー

● ベクトル制御の概念

ブラシレスDCモータのベクトル制御とは，負荷に対して最適な力(トルク)を，ロータ(磁石)が発生できるようにする制御です．つまり，120°間隔の界磁に流れる電流がロータに及ぼす力を回転トルクとして，最大限発揮できる制御方式です．

図5-1はブラシレスDCモータの模式図(説明のための図であり，実際のモータは細部で異なることがある)です．中央のロータはNSの2極の永久磁石で構成されます．周囲に120°間隔で配置されたU，V，Wのステータ(界磁)にはコイルが巻かれています．このコイルに流れる電流をロータの回転に応じて切り替えることにより，回転磁界を作り，ロータを回転させます．

ロータ・トルクは，ステータ(界磁コイル)に発生する磁界の強さに比例します．ステータに発生する磁界の強さは，ステータに流れる電流に比例します．

図5-2に示すように，3個のステータU，V，Wは120°等間隔で固定されています．それに対しロータは常に回転しています．そのためロータが受けるトルクは，ロータの視点に立ってベクトル(トルクの大きさと方向)を計算する必要があります．

ロータ・トルクは，図5-3に示すように磁石の磁束方向のd軸とそれに垂直なq軸に分割し，それぞ

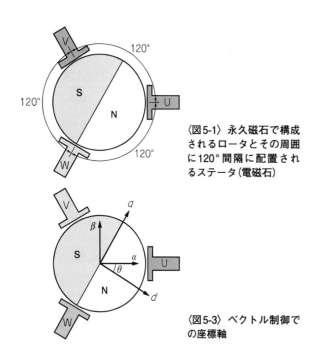

〈図5-1〉永久磁石で構成されるロータとその周囲に120°間隔に配置されるステータ(電磁石)

〈図5-3〉ベクトル制御での座標軸

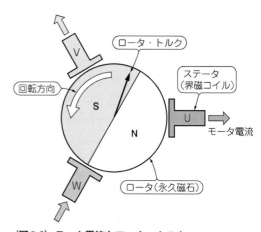

〈図5-2〉モータ電流とロータ・トルク
3相コイルに電流を流すことでロータにトルク(回転力)が発生する．ロータはつねに回転しているため，ロータ位置にあわせてコイルに流す電流をコントロールする必要がある．

れ個別に制御します．q軸はロータ・トルクと同一なので，q軸電流を制御することで，モータ・トルクを制御できます．d軸は界磁と同一なので，d軸電流を制御することで，界磁を制御できます．

　実際の制御では，3相の電流値から直接d軸電流，q軸電流を求めるのではなく，いったん，U相と同一のα軸とそれに垂直なβ軸に相変換し，その後に，dq軸電流を算出します．

● ベクトル制御の方式

　「ベクトル制御」は電流ベクトルを使った制御ですが，その方法は一般的に次の3種類があります．

①$I_d = 0$制御

　d軸電流I_dを0に保つ制御で，電流ベクトル は負荷状態に応じてq軸上を上下します．外側に永久磁石を配置したブラシレスDCモータ(表面磁石同期モータ，SPMSM)では一般的な制御法です．

　この方式は，トルクの発生に寄与しないd軸電流を流さないため，同じトルクの条件では最小の電流となり，高効率になります．本書で解説する制御はこの方式です．

②最大トルク制御

　マグネット・ロータ式のブラシレスDCモータ(埋め込み磁石同期モータ，IPMSM)では，インピーダンスの関係が$(L_q > L_d)$と突極性をもっています．この種のモータではマグネット・トルクのほかにリラクタンス・トルクを利用します．

　磁界中に磁性体を入れると，磁性体は磁界の方向に向く力を受けます．これがリラクタンス・トルクです．突極性をもったモータだと，回転子の鉄心の角度によって固定子電流が作る磁束の通りやすさ(リラクタンスの逆数)が変わり，磁束が通りやすい角度になるようにトルクが生じます．

　磁界中に磁石(磁極の対)を置くと，磁石はNSを結ぶ軸が磁界の方向に揃う力を受けます．これがマグネット・トルクです．界磁のある同期モータだと回転子電流(あるいは磁石)の作る磁界と固定子電流(あるいは磁石)のつくる磁界の方向が揃うようにトルクが生じます．

　「最大トルク制御」は，この双方のトルクを利用し，同一電流に対して発生トルクを最大に制御する方法です．ここでは，詳細は割愛します．

③弱め界磁制御

　d軸はロータ磁石と同一方向の軸ですが，このd軸電流をマイナス方向に流すように制御することで，d軸方向の磁束を減磁することができます．これを「弱め界磁制御」といい，高速回転領域での誘

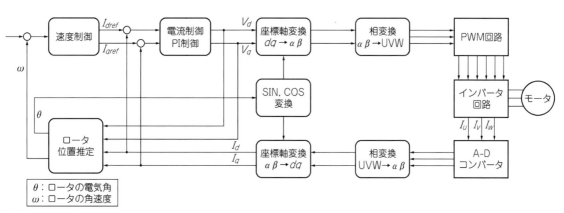

〈図5-4〉ベクトル制御の基本フローチャート

起電圧の上昇を抑えて，モータの最高速度を向上させるための制御として使用されます（詳細は後述）．

● ベクトル制御の基本フロー
　図5-4にベクトル制御の基本フローを示します．実際の制御は次の順番で進めていきます．
① **3相電流測定**：A-Dコンバータによりシャント抵抗の電圧を測定し，3相の電流値（I_u, I_v, I_w）に変換
② **座標変換**：3相電流値をdq軸電流（I_q, I_d）に変換
③ **位置推定演算**：センサレスの場合に実施．ロータの角速度ωとロータの電気角θを算出．
④ **速度制御**：目標速度ω_{ref}と実速度ωからPI制御を使用して，電流指令値（I_{dref}, I_{qref}）を算出．
⑤ **電流制御**：電流指令値（I_{dref}, I_{qref}）と実電流値（I_d, I_q）から，PI制御を使用して，出力電圧（V_d, V_q）を算出．
⑥ **逆座標変換**：dq軸電圧を3相電圧（PWMパルス幅）に変換

5-3 ベクトル制御の電流検出方式…3シャント方式と1シャント方式

● 電流測定：インバータ回路の電流検出方法
　モータ駆動用のインバータ回路は，整流されたDC電源を使用します．**図5-5**に示すように，モータに接続する3相について，それぞれのハイ・サイド（＋側），ロー・サイド（－側）に電圧を供給するためのパワー素子（この場合はIGBT）が付けられています．
　使用するDC電圧や電流量によってパワー素子は異なります．エアコン室外機（500V20A）などではディスクリートのIGBT，冷蔵庫コンプレッサ（500V1A）では，マイコンで直接駆動できるIPD（Intelligent Power Device）などがあります．
　ベクトル制御には3相のモータ電流を使用しますが，以下のような検出方式があります．
①3シャント方式
　各相のロー・サイド・トランジスタとグラウンドの間にシャント抵抗を取り付け，その電圧値をOPアンプで増幅し，マイコンのA-Dコンバータで測定します．2センサにくらべ安価ですが，入力するタイミングが限定されます．
②1シャント方式
　インバータのグラウンド・ラインに直列にシャント抵抗を取り付け，その電圧値をOPアンプで増幅し，マイコンのA-Dコンバータで測定します．PWM1周期間で，出力の異なる2点で測定し，計算して3相の電流を算出します．もっとも安価ですが，電流が測定できないタイミングがある上，低速ではその時間が長くなります．
③2電流センサ（カレント・トランス／カレント・センサ）方式
　この3種の中ではもっとも高価ですが，常時，電流の測定が可能な上，ノイズの影響を受けにくい利点があります．センサは3相のモータ駆動線のうち，2相に取り付け，残り1相はつぎの計算式で算出します．

$$I_u + I_v + I_w = 0$$

● 3シャント方式
　図5-6 (a) は3シャント方式のインバータ回路です．各相のロー・サイドのトランジスタとグラウン

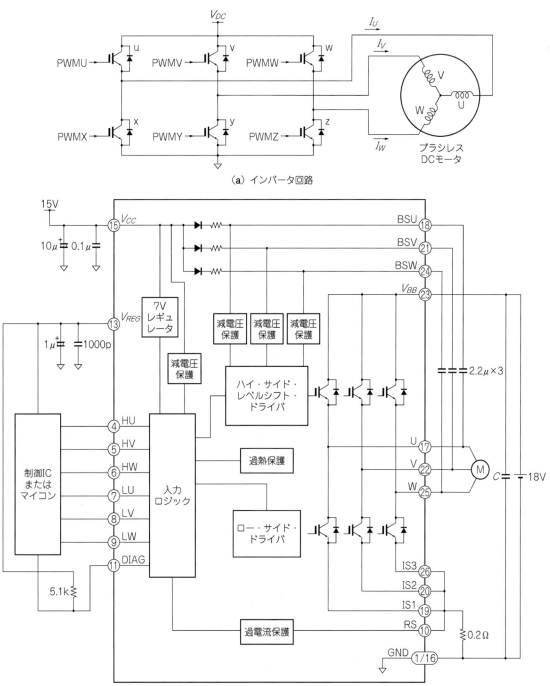

（a）インバータ回路

（b）マイコンで直接駆動できるIPD（Intelligent Power Device）TPD4135K（東芝，26ピンDIP）
冷蔵庫コンプレッサ（500V 1A）などに使われる

〈図5-5〉モータ駆動用のインバータ回路

ドの間にシャント抵抗を取り付け，その電圧値をOPアンプで増幅し，マイコンのA-Dコンバータで測定します．

　シャント抵抗は発熱による損失を低減するため，0.1Ω以下を使用します．そのため，発生する電圧は微小です．たとえばシャント抵抗に0.01Ωを使った場合，発生する電圧は，

　　　0.01Ω × 10A = 0.1V

にすぎないので，OPアンプで増幅する必要があります．

　図5-6（b）に示すようにシャント抵抗で検出した電圧はグラウンドを中心にプラス/マイナスに振れます．A-Dコンバータで測定できるように，シャント電圧をOPアンプなどで増幅し，センタを2.5Vにした0～5Vの信号に変換する必要があります．

● 3シャント方式での電流サンプリングのタイミング

　3相の電流値は時間差による変動を防ぐため，図5-7（a）に示すように，同じタイミングでサンプリングし測定する必要があります．また，グラウンドから流れる電流についてはトランジスタの還流ダイオード（FWD）があるため，常時流れますが，グラウンド方向への電流については，ロー・サイドのトランジスタがONする必要があります．したがって，図5-7（b）に示すように，電流検出タイミングはいかなる出力デューティでも常にロー・サイドのトランジスタがONする，PWMカウンタの三角波の

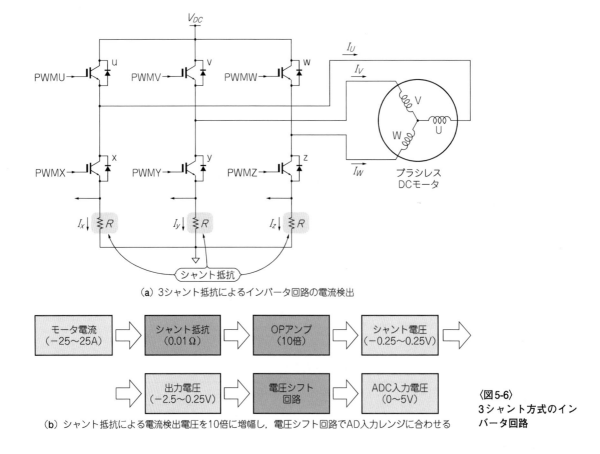

（a）3シャント抵抗によるインバータ回路の電流検出

（b）シャント抵抗による電流検出電圧を10倍に増幅し，電圧シフト回路でAD入力レンジに合わせる

〈図5-6〉
3シャント方式のインバータ回路

ピーク時にサンプリングを行います.

● 3シャント方式での電流値算出方法

　モータ電流I_U, I_V, I_Wはロー・サイドのパワー素子x, y, zに接続されているシャント抵抗R_x, R_y, R_zに流れる電流I_x, I_y, I_zから求めることができます. 検出した電流I_x, I_y, I_zのうち, 一つはPWMのL出力時間がほかの2個より短く, 正確な電圧を取得していない可能性があります. そのため, 通常はその電圧は使用せずに, 残りの2相電圧から演算で求めます.

　3相駆動波形の位相θ_sによって区分した六つのセクタ(**図5-8**)により, 電流検出相は異なります. 各セクタでもっとも出力デューティの大きい相を演算で求めます.

①**セクタ1**($\theta_s = 0 \sim 60°$):$I_V = -I_y$, $I_W = -I_z$, $I_U = -I_V - I_W$

②**セクタ2**($\theta_s = 60 \sim 120°$):$I_W = -I_z$, $I_U = -I_x$, $I_V = -I_W - I_U$

③**セクタ3**($\theta_s = 120 \sim 180°$):$I_W = -I_z$, $I_U = -I_x$, $I_V = -I_W - I_U$

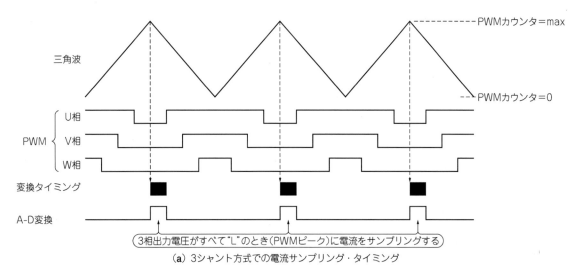

（a）3シャント方式での電流サンプリング・タイミング

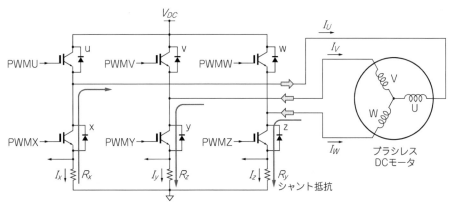

（b）3シャント抵抗による電流検出回路

〈図5-7〉 3シャント方式での電流サンプリング

④**セクタ4（$\theta_s = 180 \sim 240°$）**：$I_U = -I_x$, $I_V = -I_y$, $I_W = -I_U-I_V$
⑤**セクタ5（$\theta_s = 240 \sim 300°$）**：$I_U = -I_x$, $I_V = -I_y$, $I_W = -I_U-I_V$
⑥**セクタ6（$\theta_s = 300 \sim 360°$）**：$I_V = -I_y$, $I_W = -I_z$, $I_U = -I_V-I_W$

● **1シャント方式**

　図5-9は1シャント方式のインバータ回路です．グラウンド・ラインに直列にシャント抵抗を取り付け，その電圧値をOPアンプで増幅し，マイコンのA-Dコンバータで測定します．

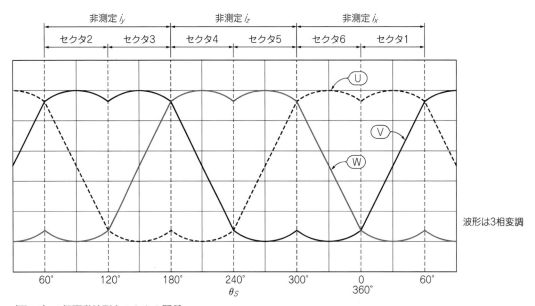

〈図5-8〉3相駆動波形とセクタの関係

波形は3相変調

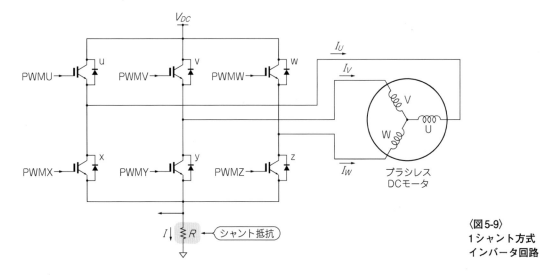

〈図5-9〉
1シャント方式
インバータ回路

　3シャント方式と同様に，OPアンプによる増幅が必要ですが，電圧はプラス側にのみ振れるので，シフト回路は不要です．

● 1シャント方式での電流サンプリングのタイミング
　1シャント方式では，3相電流が1本に束ねられた部分の電流を測定します．そのため，1PWM中に出力の異なる2箇所において2相分の電流を測定し，残り1相は算出することで3相電流を決定します．
　図5-10にセクタ1（電気角0～60°）での計算方法を説明します．セクタ1での3相変調による1周期のPWM出力は，次の4種類で構成されます．
　(UVW)：(000)，(100)，(110)，(111)
　ここで，0はLレベル（グラウンド側トランジスタがON），1はHレベル（V_{DC}側のトランジスタがON）の出力を表します．
　このうち，(100)と(110)の出力時に，シャント抵抗の電圧を測定します．(100)時のシャント抵抗を流れる電流は，I_yとI_zの合計になります．また，(110)時のシャント抵抗を流れる電流は，I_zに等しくなります．これらの結果と，$I_u + I_v + I_w = 0$の式を利用すると，3相の電流はそれぞれ，図5-10の式のように求められます．

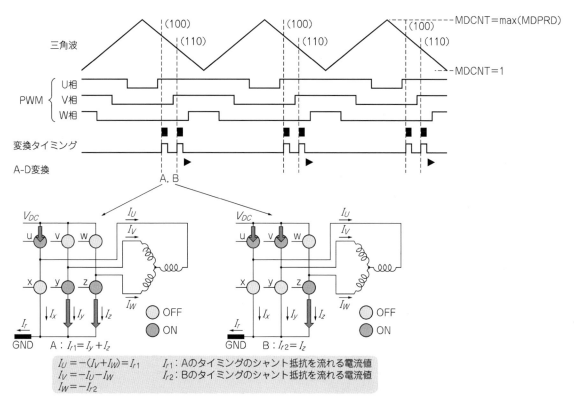

$$I_U = -(I_V + I_W) = I_{r1}$$
$$I_V = -I_U - I_W$$
$$I_W = -I_{r2}$$

I_{r1}：Aのタイミングのシャント抵抗を流れる電流値
I_{r2}：Bのタイミングのシャント抵抗を流れる電流値

〈図5-10〉1シャント方式での電流サンプリング・タイム

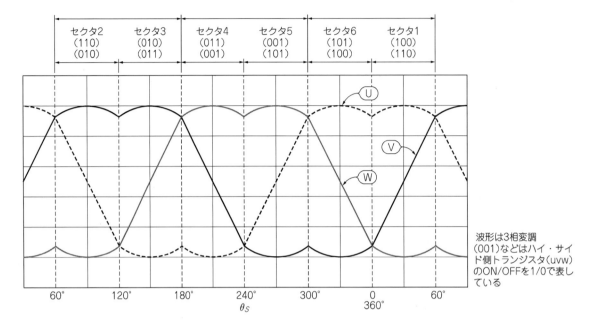

〈**図5-11**〉　1シャント方式のセクタ別電流演算

波形は3相変調
(001)などはハイ・サイ
ド側トランジスタ(uvw)
のON/OFFを1/0で表し
ている

● **1シャント方式での電流値算出方法**

　各セクタの間は下記の式が成り立っています．1シャント方式では，タイミングによって測定できる電流が変わります（**図5-11**）．

①**セクタ1**（$\theta_s = 0 \sim 60°$）：電流方向U→V，WとU，V→W．（100）と（110）

　　（110）：$I_W = -I_r$，（100）：$I_U = I_r$，算出：$I_V = -I_U - I_W$

②**セクタ2**（$\theta_s = 60 \sim 120°$）：電流方向U，V→WとV→W，U．（110）と（010）

　　（110）：$I_W = -I_r$，（010）：$I_V = I_r$，算出：$I_U = -I_V - I_W$

③**セクタ3**（$\theta_s = 120 \sim 180°$）：電流方向V→W，UとV，W→U．（010）と（011）

　　（010）：$I_V = I_r$，（011）：$I_U = -I_r$，算出：$I_W = -I_U - I_V$

④**セクタ4**（$\theta_s = 180 \sim 240°$）：電流方向V，W→UとW→U，V．（011）と（001）

　　（011）：$I_U = -I_r$，（001）：$I_W = I_r$，算出：$I_V = -I_U - I_W$

⑤**セクタ5**（$\theta_s = 240 \sim 300°$）：電流方向W→U，VとW，U→V．（001）と（101）

　　（001）：$I_W = I_r$，（101）：$I_V = -I_r$，算出：$I_U = -I_V - I_W$

⑥**セクタ6**（$\theta_s = 300 \sim 360°$）：電流方向W，U→VとU→V，W．（101）と（100）

　　（101）：$I_V = -I_r$，（100）：$I_U = I_r$，算出：$I_W = -I_U - I_V$

5-4　ベクトル制御における座標変換

● **座標変換：UVW→α β変換（Clarke変換）**

　モータ電流より，直接ロータ・トルクを算出するのが難しいため，まず，U，V，Wの電流を**図5-12**

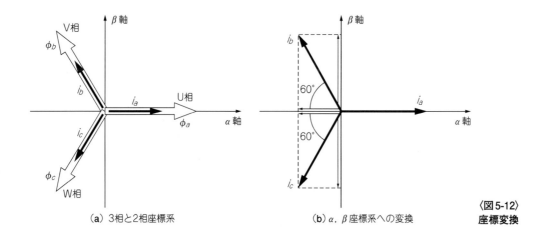

(a) 3相と2相座標系　　　　　　　　(b) α, β座標系への変換

〈図5-12〉
座標変換

に示すように，αβ面の直交座標に変換します．この変換はClarke変換とも言います．

　3相コイル U，V，Wにそれぞれ電流I_U，I_V，I_Wを流して得られる磁界と同じ磁界を2相コイル α軸，β軸にそれぞれ電流I_a，I_βを流して得る場合，I_a，I_βは以下の式で算出します．ただし，Uとαは同方向であるとします．

$$I_a = 2/3 \times (\cos 0 \times I_U + \cos(120°) \times I_V + \cos(240°) \times I_W)$$
$$= 2/3 \times (I_U - 1/2 \times I_V - 1/2 \times I_W)$$
$$I_\beta = 2/3 \times (\sin(0°) \times I_U + \sin(120°) \times I_V + \sin(240°) \times I_W)$$
$$= 2/3 \times (\sqrt{3}/2 \times I_V - \sqrt{3}/2 \times I_W)$$

　各行の最初にある2/3は，マイコンによる実際の演算に必要です．

● 座標変換: αβ→dq 変換（Park変換）

　次に図5-13に示すように，αβ軸の直交座標をdq軸に変換します．この変換はPark変換とも言います．磁石と同一方向にd軸を，d軸に垂直な位置にq軸を配置します．このdq軸に流れる電流I_d，I_qは以下の式で与えられます．この演算には，モータ位置（コイル位置）を示すθを使用します．

$$I_d = \cos\theta \times I_a + \sin\theta \times I_\beta$$
$$I_q = -\sin\theta \times I_a + \cos\theta \times I_\beta$$

● 座標変換のまとめ

　U相，V相，W相の3相電流(I_u, I_v, I_w)がそれぞれ−1〜＋1の大きさの正弦波で入力され，モータ位置が3相出力に完全に同期して動いた場合，求められたI_a，I_β，I_q，I_dは，それぞれ**図5-14**のグラフのような結果になります．

　先の「UVW→αβ変換」において，2/3を余分に乗算しましたが，これがなかった場合の演算結果が**図5-15**のグラフになります．

　このように，演算結果が−1.5〜＋1.5の範囲で変化するようになります．実際のマイコンによる演算では，−1〜＋1で表現する符号付き固定小数点を使用するため，「UVW→αβ変換」時に2/3倍して，−1〜＋1の範囲に収まるようにします．ただし，このまま演算を進めると電流値が2/3のままになる

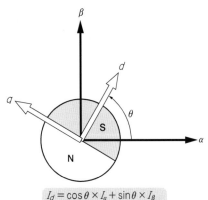

$$I_d = \cos\theta \times I_\alpha + \sin\theta \times I_\beta$$
$$I_q = -\sin\theta \times I_\alpha + \cos\theta \times I_\beta$$

〈図5-13〉座標変換

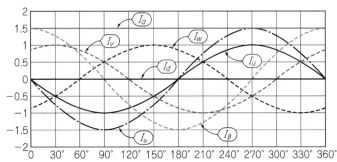

〈図5-15〉出力に2/3を乗算した座標変換
「UVW→αβ変換」において，2/3を余分に乗算しない場合.
I_α：I_Uと同位相，1.5倍振幅の正弦波
I_β：I_αから90°進んだ正弦波
I_q：=1.5
I_d：=0

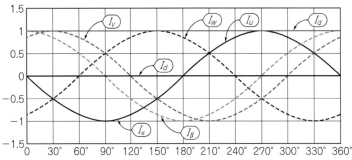

〈図5-14〉3相電流$(I_U,\ I_V,\ I_W) \rightarrow (I_\alpha,\ I_\beta,\ I_q,\ I_d)$座標変換

I_α：I_Uと同位相，同振幅の正弦波
I_β：I_αから90°進んだ正弦波
I_q：=1
I_d：=0

ため，電圧出力を計算する際の逆座標変換時に，3/2を乗算して元に戻します．このように相変換の前後の振幅を合わせることを相対変換といいます．

5-5 コスト重視の家電製品に多く使われているセンサレス制御

● ベクトル制御のロータ位置検知にはモータ位置推定処理, ホール素子, レゾルバ, インクリメンタル・エンコーダを使う

　ベクトル制御で正確なロータ位置を検知するために位置センサが用いられます．ただし，家電製品では一般に高価なセンサを使用できないために，演算により位置を推定する位置センサレス制御や，ホールICが用いられます．

　さらに正確な位置センサにはレゾルバやインクリメンタル・エンコーダが使用されます．ここではインクリメンタル・エンコーダについて説明します．

　インクリメンタル・エンコーダはモータのロータ軸に取り付けられ，回転に応じて位相が90°ずれたA相とB相の2相信号と基準位置を示すZ相信号を出力します（**図5-16**の入力）．2相信号はモータ1回転で所定数のパルスが出力され（たとえば，1回転で1024パルス出力），Z相信号は1回転に1回出力されます．マイコンでは基準位置からのパルス数をカウントすることでロータ位置を検知します（**図5-16**の処理）．

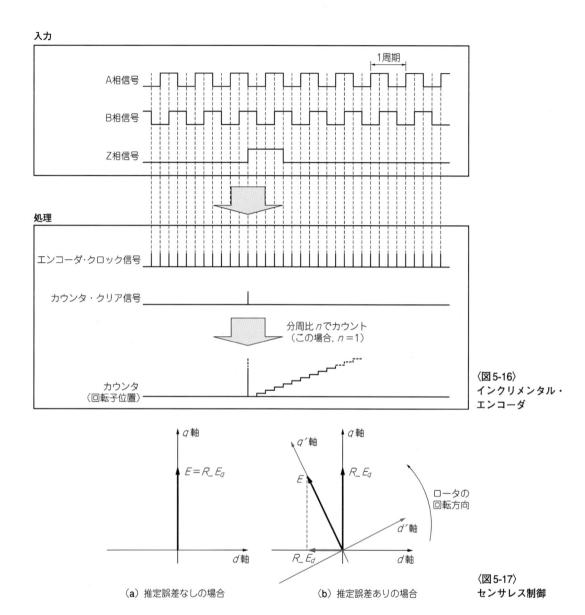

〈図5-16〉
インクリメンタル・
エンコーダ

（a）推定誤差なしの場合　　　　（b）推定誤差ありの場合

〈図5-17〉
センサレス制御

● **センサレス制御**

　ロータ位置の推定は，ロータ位置推定値の誤差から生じるd軸誘起電圧を0にするような角速度を算出し，角速度から現在のロータ位置を推定しています．

　図5-17 (a) は推定誤差がなく，誘起電圧$E = R\_E_q$ ($R\_E_d = 0$) の状態です．一方，**図5-17 (b)** は誘起電圧Eがq軸に対してずれており，R_E_dが0でない状態です．ロータが矢印方向に回転している場合，実際のd, q（ロータ位置）に対しd', q'が進んでいることになり，この場合，角速度を減速することでずれ (R_E_d) が0になるように調整します．この角速度の調整値をPI (Proportional Integral) 制御を使って算出します．

〈図5-18〉
位置推定の演算

● **位置推定の演算**

　d軸誘起電圧E_dは，d軸に関する下記等価回路方程式から求めることができます．

　　$E_d = V_d - R \times I_d + \omega_{est} \times L_q \times I_q$

ただし，E_d：d軸誘起電圧，V_d：d軸印加電圧，R：ロータ・コイル抵抗，I_d，I_q：d軸，q軸電流，
ω_{est}：推定速度，　L_q：q軸ロータ・コイル・インダクタンス

　前回のω_{est0}と，現在のV_d, I_d, I_qより，E_dを算出します．これと目標値$(E_d = 0)$の偏差を使って，
PI制御より，ωの操作量$(R\_E_d\_PI)$を求めます（図5-18）．

　ωの操作量$(R\_E_d\_PI)$から，推定速度と推定位置は次のように求めます．

　　新しい推定速度：　　$\omega_{est} = \omega_{com} + R\_E_d\_PI$

　　新しい推定位置：　　$\theta_n = \theta_{n-1} + T_s \times \omega_{est}$

ただし，ω_{est}：推定速度，ω_{com}：目標速度，ωの操作量：$R\_E_d\_PI$，T_s：制御周期，θ：ロータ位置

5-6 速度制御処理，電流制御処理と座標変換

● **速度制御処理**

　速度制御処理とは，実際の速度ωが目標の速度ω_{com}に達するように，PI制御を使って，電流指令値
(I_{qref}, I_{dref})を算出します．なお，サンプル・プログラムでは，「$I_d = 0$ 制御」（d軸電流を0に保つ制御）
を使用するので，d軸の電流指令値(I_{dref})はゼロに指定します（**図5-19**）．

● **電流制御処理**

　電流制御処理とは，実際の電流値(I_d, I_q)が目標の電流値(I_{dref}, I_{qref})に達するように，PI制御を使っ
て，電圧指令値(V_d, V_q)を算出します．PI制御はd軸，q軸個別に行います（**図5-20**）．

● **座標変換：$dq \rightarrow \alpha\beta$変換（逆Park変換）**

　dq軸座標を$\alpha\beta$軸の直交座標に変換します．この変換は逆Park変換とも言います．

　　$V_\alpha = \cos\theta \times V_d - \sin\theta \times V_q$

　　$V_\beta = \sin\theta \times V_d + \cos\theta \times V_q$

● **座標変換：$\alpha\beta \rightarrow$ UVW変換（空間ベクトル変換）**

　2相から3相への変換には逆Clarke変換を用いる方法と，**図5-21**に示す空間ベクトル変換を用いる
方法があります．ここでは空間ベクトル変換について説明します．

　1PWM周期内で，ハイ・サイド(u, v, w)，ロー・サイド(x, y, z)のトランジスタのON，OFFの
組み合わせは8通りありますが，0ベクトルである(000)，(111)を除いた6通りの電圧ベクトル$V_1 \sim V_6$

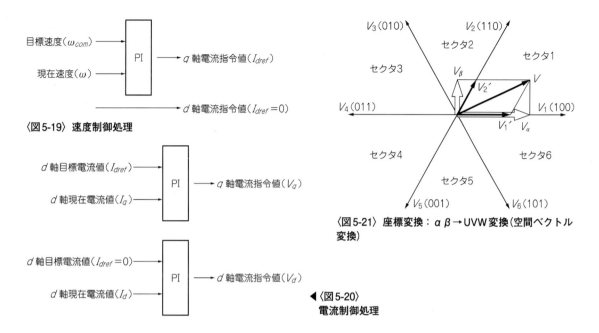

〈図5-19〉速度制御処理

〈図5-20〉
電流制御処理

〈図5-21〉座標変換：$\alpha\beta \rightarrow$ UVW変換（空間ベクトル変換）

が磁界の発生に寄与します.

　V_1(100)は，U軸上（α軸上）に配置され，そこを基準に60°ごとにV_2以降を配置します．このうち隣り合う二つの電圧ベクトルを組み合わせれば任意の電圧ベクトルVを得ることができます．この方法を空間ベクトル法といいます．ここで(uvw)はu＝1ならu：ON，x：OFF，u＝0ならu：OFF，x：ONであることを表します．v, wについても同様です.

　例えば図において，V_a，V_βの合成ベクトルVはセクタ1上にあるため，電圧ベクトルV_1とV_2にそれぞれ係数t_1，t_2をかけて得られるベクトル$V_1{}'$，$V_2{}'$の合成ベクトルとして得ることができます．PWM半周期において，V_1，V_2をそれぞれ時間t_1，t_2だけ発生させることでVを合成します.

● 空間ベクトル変換によるPWMデューティの演算

　セクタ1のPWMは3相変調の場合，図5-21のように，V_0(000)，V_1(100)，V_2(110)，V_7(111)で構成されます．セクタ1でのt_1，t_2，t_3は以下のように求められます.

$$V_a = 2/3 \times (V_1{}' + V_2{}' \times \cos 60°) = 2/3 \times V_1{}' + 1/3 \times V_2{}'$$
$$V_\beta = 2/3 \times (V_2{}' \times \sin 60°) = 1/\sqrt{3} \times V_2{}'$$

　（上記2/3は，電流の「UVW→$\alpha\beta$変換」において，2/3を余分に乗算した分を戻している）
　上式から，

$$V_2{}' = \sqrt{3} \times V_\beta$$
$$V_1{}' = 3/2 \times V_a - 1/2 \times V_2{}' = 3/2 \times V_a - \sqrt{3}/2 \times V_\beta$$

　DC電圧をV_{DC}，PWM半周期をTとすると，

$$V_1{}' = t_1/T \times V_{DC}$$
$$V_2{}' = t_2/T \times V_{DC}$$

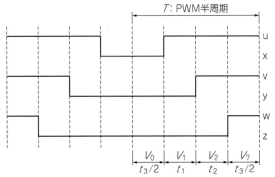

⟨図5-22⟩
セクタ1のPWM波形

空間ベクトル演算2相変調U, V, W波形
($V_d = 0$)

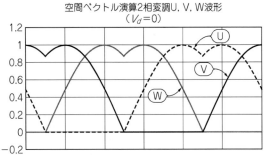

⟨図5-23⟩　セクタ別演算方法（2相変調）

空間ベクトル演算3相変調U, V, W波形
($V_d = 0$)

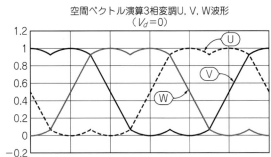

⟨図5-24⟩　セクタ別演算方法（3相変調）

したがって,

$$t_1 = T/V_{DC} \times V_1' = T/V_{DC} \times (3/2 \times V_a - \sqrt{3}/2 \times V_\beta)$$
$$= \sqrt{3} \times T/V_{DC} \times (\sqrt{3}/2 \times V_a - 1/2 \times V_\beta)$$

$$t_2 = T/V_{DC} \times V_2' = T/V_{DC} \times (\sqrt{3} \times V_\beta)$$
$$= \sqrt{3} \times T/V_{DC} \times V_\beta$$

$$t_3 = T - t_1 - t_2$$

V_0, V_7 の発生時間をそれぞれ $t_3/2$ としたのが3相変調, V_0 の発生時間を t_3, V_7 の発生時間を0とし
たのが2相変調です.

図5-22にセクタ1のPWM波形, **図5-23**にセクタ別演算方法（2相変調）, **図5-24**にセクタ別演算方法
（3相変調）を示します.

◆ 第6章
ベクトル制御の課題とベクトル・エンジン内蔵マイコンTMPM370

ブラシレスDCモータのベクトル制御の実際

江崎 雅康／小柴 晋

6-1 ベクトル制御技術が家電製品にも使われる時代 …ソフトウェア制御の課題

● 家庭内の電気製品にもブラシレスDCモータのベクトル制御技術が使われるようになった

　ブラシレスDCモータのベクトル制御技術は，産業用ロボット，工作機械，FA機器，半導体製造装置などに使われてきた技術です．このベクトル制御技術は，FA機器に使われるモータの速度制御や精密な位置制御を行うと同時に，省エネルギー化を図るために使われてきました．

　近年，エアコンや洗濯乾燥機，掃除機，ヒートポンプ式給湯器など民生用機器にもブラシレスDCモータのベクトル制御技術が使われるようになりました．これは機器の省電力化や制御性能を向上させるためです．

　地球環境保全の視点から，火を使わず大気中の熱を利用して給湯する自然冷媒ヒートポンプ給湯機(エコキュート)が普及しつつあります．このヒートポンプ給湯器のコンプレッサにも高度なモータ制御技術が使われています．

● 32ビットRISCプロセッサの能力をフルに使うブラシレスDCモータのベクトル制御

　ブラシレスDCモータのベクトル制御は，モータの効率向上や振動抑制をセンサレスで実現する高度な制御方法です．しかし，その制御には三角関数や乗除算を含んだ複雑な演算が必要です．また制御周期(PWMの繰り返し周波数)が64〜250μsとたいへん高速なため，制御用のマイコンも高性能なものが必要になります．

　図6-1はベクトル制御の基本フローです．従来のマイコンでは
▶3相のPWM出力
▶電流検出用のA-D変換
をハードウェアで自動的に行います．プログラムで初期設定を行うだけで，あとはハードウェアが自動的に行います．

　しかし，それ以外の演算やトリガ設定などはすべてソフトウェアで処理する必要がありました．その処理時間は，40MHzで動作している32ビット・マイコンで約40μs必要です．この処理は，PWM周期ごとに必要です．

　図6-2に示すように，PWMの任意の場所でA-D変換を開始し，そのA-D変換終了時からソフトウェ

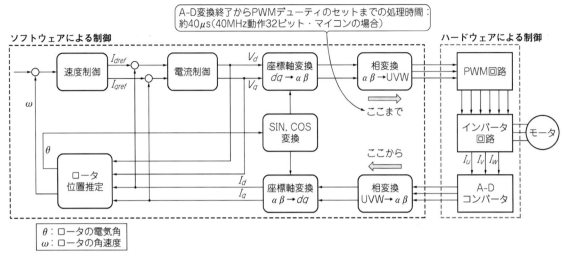

A-D変換終了からPWMデューティのセットまでの処理時間：
約40μs（40MHz動作32ビット・マイコンの場合）

〈図6-1〉[3] ベクトル制御の基本フローと従来マイコンによる制御分担

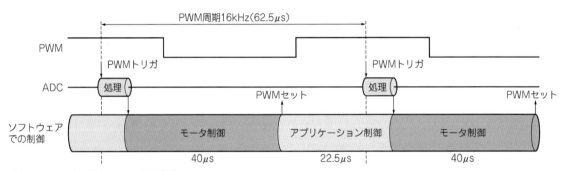

〈図6-2〉 PWM周期とモータ処理時間

アによるモータ処理を開始します．すべての演算が終了し，次のPWMパルス幅（duty）をセットしてモータ処理は終了します．

　このようにモータ処理はPWM周期で実施されます．モータ音が気になるアプリケーションでは，PWM周波数を可聴領域より高い16kHzを使用します．このためPWMの繰り返し周波数は62.5μsとなり，ベクトル制御に必要な40μsの占有率が64%になります．

　ベクトル制御が可能なマイコンは，40MHz以上で動作する32ビット・マイコンとされていますが，それはこの処理能力のためです．最近は40MHz以上で動作する高速マイコンも安価になり，気軽に採用できるようになりました．

　しかし，**図6-3**に示すように高速で動作するマイコンは消費電流やノイズが大きくなります．ベクトル制御をソフトウェアで行うと，消費電流は増える傾向があります．そのため容量の大きい電源が必要になり，製品の消費電流にも影響を与えます．

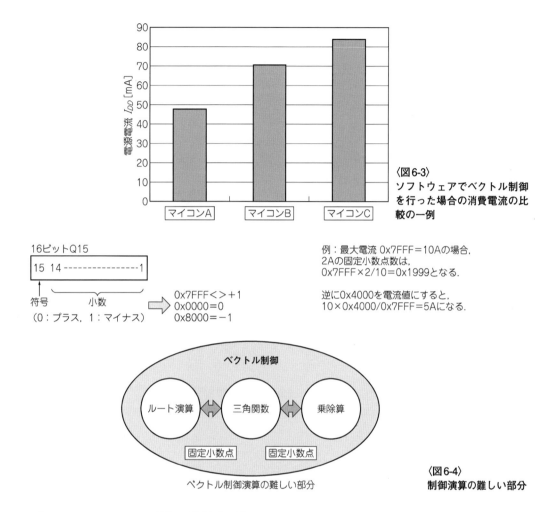

〈図6-3〉
ソフトウェアでベクトル制御を行った場合の消費電流の比較の一例

〈図6-4〉
制御演算の難しい部分

● ソフトウェアによるベクトル制御は難易度が高い

　従来のベクトル制御はすべてソフトウェアで実現されています．ベクトル制御を採用する場合は，ベクトル制御の原理を学んだ上で，それをソフトウェアに変換する作業が必要になります．最近はマイコン・ベンダによるサンプル・ソフトの提供により多少緩和されましたが，そのプログラミングの難易度はきわめて高く，ベクトル制御を採用するに当たっての壁になっています．

　難易度が高いひとつの理由は固定小数点演算です．高性能なCPUを使用しているパソコンでは浮動小数点演算が当たり前です．しかし安価な32ビット・マイコンでは変数幅の制約(32ビット)や，コプロセッサ(浮動小数点演算処理装置)が実装されていないため，固定小数点による演算が一般的です．

　図6-4に示すように，この固定小数点での乗除算や三角関数の演算が，プログラミングを難しくしています．

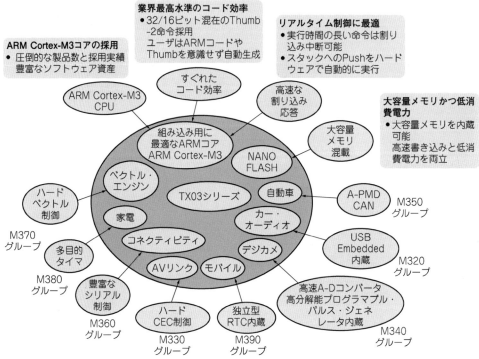

（a）東芝セミコンダクタ＆ストレージ社のARM Cortex M3マイコンの展開

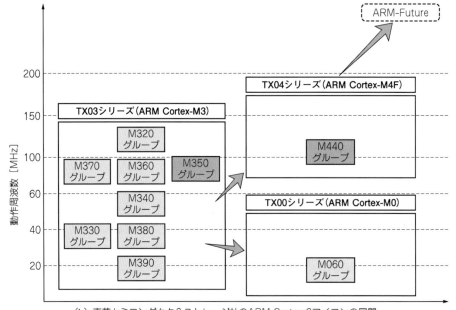

（b）東芝セミコンダクタ＆ストレージ社のARM Cortex 3マイコンの展開

〈図6-5〉東芝セミコンダクタ＆ストレージ社のARM Cortex Mマイコン

6-2 ベクトル・エンジンによるモータ制御の仕組み

● 32ビット・マイコンTMPM370

　難しいソフトウェアによるベクトル制御の課題を解決するために開発されたのが，ベクトル・エンジンを搭載した32ビット・マイコンTMPM370です.

　東芝セミコンダクター＆ストレージ社は2008年，国内の半導体メーカとしては初めてARM Cortex-M3プロセッサTMPM330グループを発表しました. ベクトル・エンジンを搭載したTMPM370グループはその第2弾です.

　図6-5（a）に示すように，同社はTX03シリーズとしてARM Cortex-M3プロセッサを次々に発表しラインアップをはかってきました. さらに図6-5（b）に示すように，TX00シリーズ（ARM Cortex-M0），TX04シリーズ（ARM Cortex-M4F）の展開を進めています.

　図6-6はベクトル・エンジンを搭載したTMPM370の内部構成ブロック図です. TMPM370の主な特徴として，次の5点が挙げられます.
① ベクトル・エンジン搭載
② モータ2個の制御にも対応
③ 相電流測定用のOPアンプ，コンパレータ搭載で，外付け部品点数の削減が可能
④ ARM Cortex-M3コアを内蔵した製品でARM標準の充実した開発環境を利用可能
⑤ 5V単一電源（アナログ入力電圧範囲は0～5V）

● ブラシレスDCモータのベクトル制御…標準的な構成

　図6-7はブラシレスDCモータのベクトル制御の一般的な構成図です. このうち，

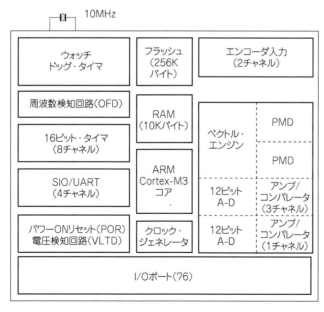

〈図6-6〉[2]
TMPM370の内部ブロック図

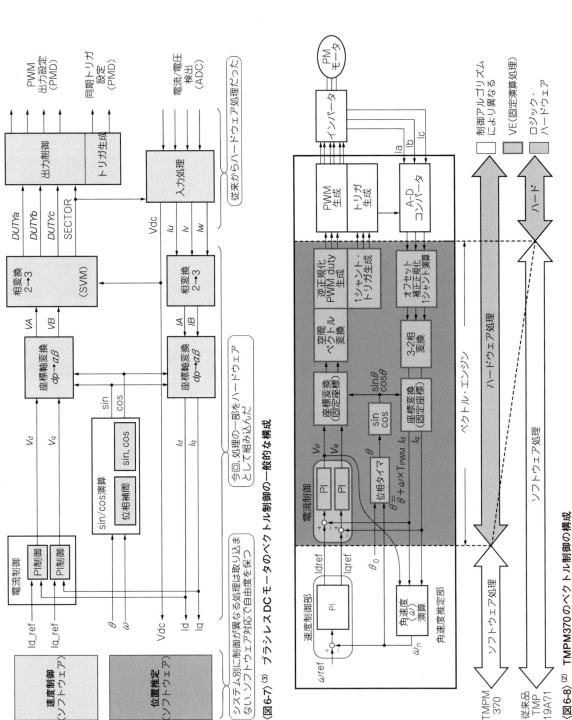

〈図6-7〉(3)　ブラシレスDCモータのベクトル制御の一般的な構成

〈図6-8〉(2)　TMPM370のベクトル制御の構成

処理内容	ベクトル・エンジンを使用した制御	ソフトウェア制御
ハードウェア処理の時間	$9\,\mu s$	–
ソフトウェア(CPU)処理の時間	$5.0\,\mu s$	$18.0\,\mu s$
合　計	$14.0\,\mu s$	$18.0\,\mu s$

〈表6-1〉[3]
モータ制御処理のハードウェア化によるCPU負荷の軽減

※東芝リファレンス・ソフトウェアに基づいて比較している

▶出力制御(PWM生成, デッドタイム制御)

▶トリガ生成

▶入力処理(相電流, 電圧値のA-D変換入力)

は, モータ制御向けマイクロプロセッサでは従来から周辺回路として搭載され, ハードウェア処理を行っていました.

　TMPM370に搭載されたベクトル・エンジンはベクトル制御処理の一部を組み込むことによりソフトウェア処理を軽減しています. 組み込まれているのは次の五つの処理です.

① ベクトル制御で実行される基本的な処理(座標軸変換, 相変換, sin/cos演算)

② モータ制御回路(PMD)とA-Dコンバータ(ADC)を制御するインターフェース処理(出力制御, トリガ生成, 入力処理)

③ 電流制御のPI制御(電流制御)

④ 回転速度をPWM周期で積分する位相補間(sin/cos演算)

⑤ 電流, 電圧, 回転速度をそれぞれの最大値を基準に正規化した値で演算する処理

● TMPM370のベクトル制御構成図とその効果

　図6-8はベクトル制御の構成図です.

▶出力制御回路(PWM生成, デッドタイム制御)

▶トリガ生成回路

▶入力処理回路(相電流, 電圧値のA-D変換入力)

は従来から周辺入出力装置として搭載されていましたが, ベクトル制御はすべてソフトウェア処理でした.

　TMPM370はベクトル制御処理のうち, パラメータの変更だけですむ固定処理部,

▶2→3相変換

▶3→2相変換

▶座標変換$dq \to \alpha\,\beta$

▶座標変換$\alpha\,\beta \to dq$

▶sin/cos演算処理

▶電流制御PI

などがハードウェアで組み込まれています.

　ハードウェアで実装したベクトル制御の処理時間を表6-1に示します. ソフトウェアで処理を行う時間は$5.0\,\mu s$, ハードウェアで処理を行う時間は$9\,\mu s$となり, 合計で$14.0\,\mu s$と短縮されました.

　すべてソフトウェアで制御する場合とCPUの処理時間だけを比較すると, ベクトル制御に要する時間は$18.0\,\mu s$から$5.0\,\mu s$と3倍以上高速化されています. 短縮された$13.0\,\mu s$を使って, CPUはほかの処理を行うことができます.

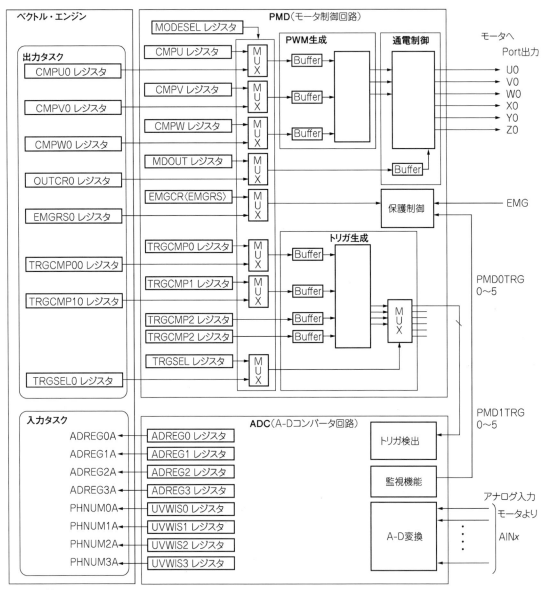

〈図6-9〉[(3)]　ベクトル・エンジンンのPMDとADCの連携

● ベクトル制御のハードウェア構成

　ベクトル・エンジンは**図6-9**に示すようにモータ制御回路(PMD)，A-Dコンバータ回路(ADC)と連携してモータを制御します．モータ制御回路はベクトル・エンジンから渡された各相のPWMデータからPWMパルス波形を作ります．

　通電制御と保護制御，デッドタイム制御回路により3相駆動パルス(X0，Y0，Z0，U0，V0，W0)を生成します．各相の電流値を取り込む同期トリガも生成されます．

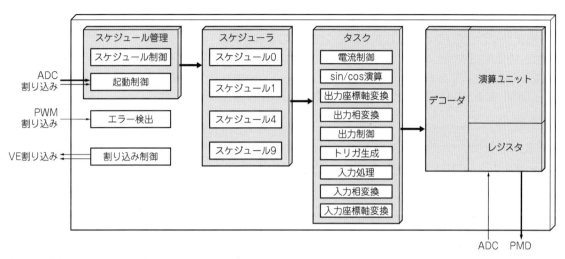

〈図6-10〉[3]　ベクトル・エンジンの構成
①タスク：一連の演算処理を実行する
②スケジューラ：スケジュールごとの実行タスクと実行する順番を決める
③スケジュール管理：スケジュール選択，起動制御
④割り込み制御：スケジュール終了時に割り込み発生

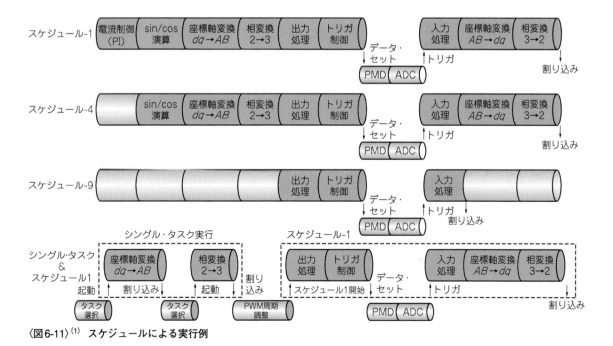

〈図6-11〉[1]　スケジュールによる実行例

　TMPM370は2組のモータ制御回路（PMD），2組のA-Dコンバータ・ユニットを備えています．そのため，ベクトル・エンジンはこれらの回路と連係動作して，同時に2台のモータを制御することができます．

● ベクトル・エンジンの構成とスケジューラによるタスク処理
　図6-10はTMPM370のベクトル・エンジンの構成図です．ベクトル・エンジンは表6-2に示す9個のタスクを組み合わせたスケジュール（図6-11）に従ってハードウェア処理を実行します．表6-3はスケジュールの一覧表，図6-12はスケジュール処理の実行例を図示したものです．

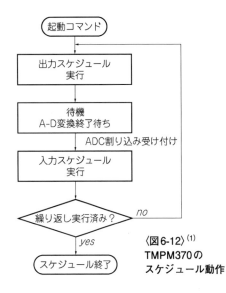

〈図6-12〉[1]
TMPM370の
スケジュール動作

〈表6-2〉[3]　組み込みタスク一覧

	タスク	タスク機能
1	電流制御	dp 電流制御
2	sin/cos演算	正弦／余弦演算，位相補間
3	出力座標軸変換	dp 座標軸から $\alpha\beta$ 座標軸に変換
4	出力相変換	2相から3相に変換
5	出力制御	PMD設定形式へのデータ変換 PWMシフト切り替え
6	トリガ生成	同期トリガ・タイミング生成
7	入力処理	ADC変換結果の取り込み 固定小数点へのデータ変換
8	入力相変換	3相から2相に変換
9	入力座標軸変換	$\alpha\beta$ 座標軸から dp 座標軸に変換

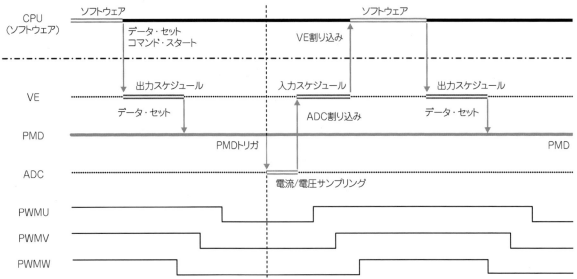

〈表6-3〉[(1)]　**スケジュール一覧**

スケジュール選択	出力スケジュール						入力スケジュール		
	電流制御	sin/cos 演算	出力 座標軸変換	出力 相変換	出力制御	トリガ生成	入力処理	入力 相変換	入力 座標軸変換
スケジュール0	※1	※1	※1	※1	※1	※1	※1	※1	※1
スケジュール1	━━▶								
スケジュール4	―	━━▶							
スケジュール9	―	―	―	―	━━━━━━━━━━━━━━━━▶		―	―	―

※1：指定タスクのみ実行

〈表6-4〉[(1)]　**タスクごとの制御の設定**

タスク名称		入力	出力	設定レジスタ
電流制御	d軸PI制御	d軸電流 d軸電流指令	d軸電圧	d軸比例ゲイン，d軸積分ゲイン
	q軸PI制御	q軸電流 q軸電流指令	q軸電圧	q軸比例ゲイン，q軸積分ゲイン
sin/cos演算	位相補間	位相，速度	位相	位相補間許可/禁止，補間周期(PWM周期)設定
	sin/cos		sin/cos	設定なし
出力軸変換(Inv Park)		d/q電圧	α/β電圧	設定なし
出力相変換(SVM)		α/β電圧	U/V/W電圧	変調方式選択(二相変調/三相変調)
出力制御		U/V/W電圧	U/V/W PMD設定	PWM出力：シフト制御許可/禁止，切り替え速度設定 電流検出：方式選択(1-シャント/3-シャント) 2ADCの同時サンプリング選択
トリガ生成		CMPU/V/W	TRGCMP0/1 PMD設定	
入力処理		ADC変換結果	正規化電流/電圧 $I_u/I_v/I_w/V_{dc}$	
入力相変換(Clarke)		U/V/W電流	α/β電流	設定なし
入力軸変換(Park)		α/β電流	d/q電流	設定なし

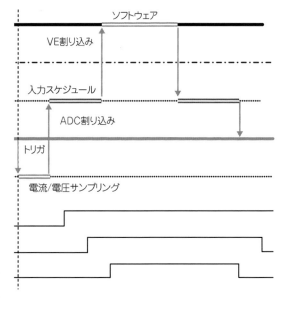

〈図6-13〉[(3)]
ベクトル・エンジンとCPU/PMD/ADCの動作遷移
(3シャント)

　タスクは**表6-4**に示すように，入力データをレジスタ設定値に従ってハードウェア処理して出力する処理単位です．スケジューラはタスクの組み合わせで構成されるスケジュールを実行するハードウェア処理機構で，CPUとは独立に平行して動作します．

　ベクトル・エンジンとCPU，PMD（モータ制御回路），ADC（A-Dコンバータ回路）の動作シーケンスを時間軸に沿って図示したのが**図6-13**です．

　最下段のPWM波形（PWMU，PWMV，PWMW）を生成するために，CPUとベクトル・エンジンのスケジューラが行っている処理がわかりやすく表示されています．CPUはソフトウェア処理を行っている以外の時間は他の処理を行うことができます．

　図6-14はTMPM370内部のCPU，ベクトル・エンジン，モータ制御回路（PMD），ADC（A-Dコンバータ回路）間の連携を図示したものです．CPUと各機能モジュール間の処理は100個以上のレジスタを介して行われます．

　ベクトル・エンジンのレジスタには，特殊レジスタと専用レジスタがあります．

▶ベクトル・エンジン制御レジスタ：ベクトル・エンジン制御用レジスタとテンポラリ・レジスタ
▶共通レジスタ：チャネルで共通に使用するレジスタ
▶専用レジスタ：チャネルごとの演算データおよび演算制御レジスタ

● OPアンプ，コンパレータも内蔵する

　図6-15に示すように，従来は外付けしていたOPアンプ，コンパレータ回路も内蔵しています．部品コストの削減，実装スペースの削減やコスト削減になります．

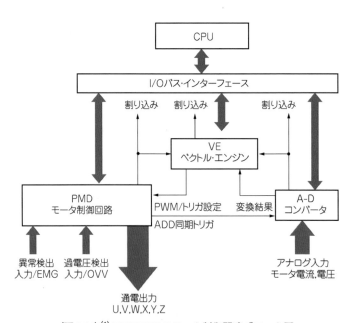

〈**図6-14**〉[(1)] TMPM370のモータ制御関連ブロック図

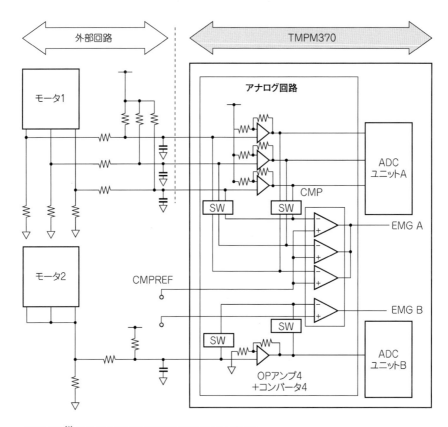

〈図6-15〉[2] TMPM370が内蔵する周辺アナログ回路

◆ 引用文献 ◆

(1) ㈱東芝セミコンダクター＆ストレージ社；32ビットRISCマイクロコントローラTX03シリーズTMPM370FYDFG/FGデータシート，第2版，2010年3月7日.
(2) ㈱東芝セミコンダクター＆ストレージ社，http://www.semicon.toshiba.co.jp/index.html
(3) 東芝マイクロエレクトロニクス㈱；ベクトル・エンジン説明資料，2009年8月19日

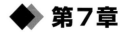

◆ 第7章

ベクトル・エンジン内蔵マイコンTMPM370を使いこなす

ブラシレスDCモータの
ベクトル制御プログラム

石郷岡 伸行／江崎 雅康

7-1 ベクトル制御のソフトウェア開発環境と ブラシレスDCモータの制御フロー

● TMPM370ユーザ向けに用意されたブラシレスDCモータのベクトル制御プログラム

　ブラシレスDCモータのベクトル制御には高度なソフトウェア技術が求められます．演算処理を固定小数点で構成する必要があるなど，演算上の困難さに加えて，ブラシレスDCモータの動作原理に精通し，ベクトル制御技術を対象とするモータに合わせてパラメータを決定する必要があります．

　ベクトル・エンジンを搭載したマイコンTMPM370を導入することにより，この負担は軽減されます．しかしモータ制御の経験がないディジタル専門のプログラマが1，2週間で書けるプログラムではありません．ソフトウェアによるベクトル制御のノウハウをもつユーザは独力でTMPM370のベクトル制御のプログラム開発を行っています．しかし，新たにベクトル制御を始めるユーザにとって，開発負荷はきわめて大きいといわざるをえません．．

　そこでメーカではTMPM370のユーザ開発者向けにサンプル・プログラムを用意し，希望ユーザに配布しています．本章ではこのサンプル・プログラムの概要を紹介します（サンプル・プログラムは本書のWebで公開する予定）．

● サンプル・プログラムの開発環境

　このプログラムはある特定のモータと特定の回路上で動かすことを前提にしています．図7-1はこのサンプル・ソフト（ベクトル制御プログラム）のソフト開発環境（概念図），写真7-1は実際の開発環境です．

　中心部の大きな基板はTMPM370レファレンス・ボード（PMD2-INV）で，左側がTMPM370評価基板です．このリファレンス・ボードは12V～24Vのモータを駆動できるベクトル制御駆動基板です．モータは10W程度の小型ブラシレスDCモータです．

　写真に写っているJTAGデバッガはIARシステムズ社のJ-Linkです．サンプル・プログラムはIAR社の統合開発環境EWARMのプロジェクトの形で提供されています．

　メーカは最初のマイコン試作チップができた段階で，このような開発環境を準備します．実際にモー

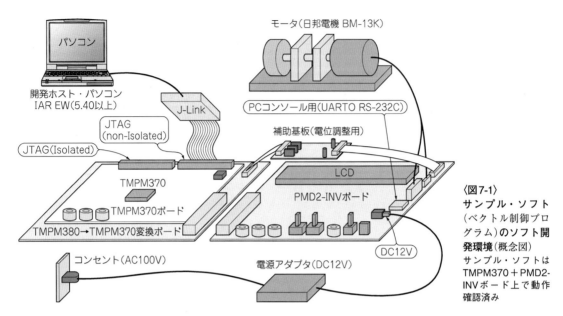

〈図7-1〉
サンプル・ソフト（ベクトル制御プログラム）**のソフト開発環境**（概念図）
サンプル・ソフトはTMPM370＋PMD2-INVボード上で動作確認済み

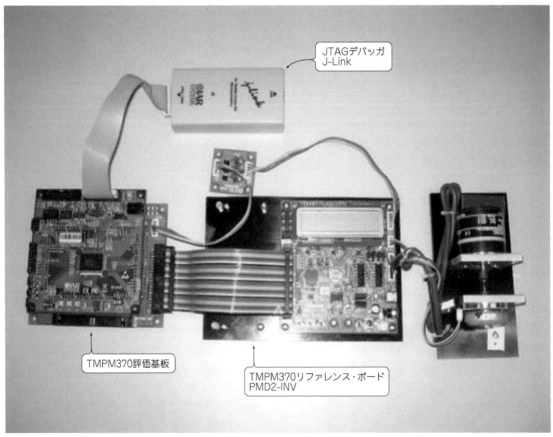

〈写真7-1〉 サンプル・ソフトの開発・動作環境（実機）

タを接続し，プログラムを開発してチップの評価を行います．**写真7-1**の各構成基板も，マイコン・チップのES（エンジニアリング・サンプル）を社内で評価するために用意されたもののようで，ユーザに有償提供もしくは貸し出しできる状態にはないようです．

　左端のCPU基板はCPUと周辺回路，そして絶縁型のJTAGインターフェース回路が載っているだけですが，IARシステムズ社から評価キット（TMPM370-SK）として販売されています．このチップを使ってベクトル制御のシステムを開発するためには，評価キットから先のモータ駆動回路，電流検出回路，そしてブラシレスDCモータを自前で用意する必要があります．

　次章で紹介する「TMPM370採用ブラシレスDCモータ開発プラットフォーム」は，TMPM370チップを使ってベクトル制御機器の開発を始めるユーザの便宜を考え，メーカの協力を得て開発したものです．12Vの低電圧駆動ですが，開発の第1ステップとしては役に立つと思います．これは市販されています．

● **ブラシレスDCモータの制御フロー…起動からセンサレス定常駆動，停止まで**

　メーカから提供される「ベクトル制御プログラム」を参考にして，開発機器の目的と使用モータ，回路に合わせて独自プログラムを開発するためには，まずメーカ提供プログラムの概要を理解する必要があります．

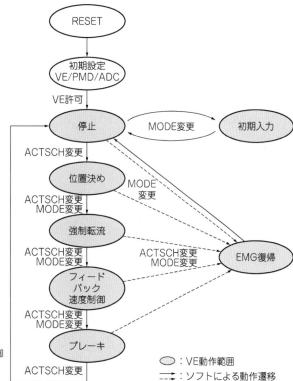

初期設定　　　　　　　：ユーザ・ソフトによる初期設定
停止　　　　　　　　　：モータ停止
初期入力　　　　　　　：停止時のゼロ電流をサンプリングして保存
位置決め　　　　　　　：モータ起動時の位置決め制御
強制転流　　　　　　　：モータ起動時．所定時間はフィードバック制御せずに強制運転
フィードバック速度制御：電流フィードバックによる速度制御
ブレーキ　　　　　　　：減速制御
EMG復帰　　　　　　　：EMG保護状態から復帰処理

〈**図7-2**〉**ブラシレスDCモータの制御フロー…起動からセンサレス定常駆動，停止まで**
モータ制御フローはソフトウェアで管理する．ベクトル・エンジンは各状態に対応してソフトウェアで設定されたスケジュールを実行する

　図7-2にベクトル制御プログラムの制御フローを示します．モータ制御フローはプログラムで管理されますが，図のアミをかけた状態の詳細制御はベクトル・エンジンがスケジューラによって実行します．
　停止状態のモータはロータの位置がわからないので，

① **位置決め**：界磁コイルに電流を流して，強制的にロータを初期状態の位置に固定する
② **強制転流**：界磁コイルに順次電流を流し，初期位置のロータを強制的に一定時間，回転させる．この間はフィードバック制御は行わない

を経て，

③ **フィードバック速度制御**：電流フィードバックによる速度制御（センサレス定常駆動）

に入る

　フィードバック速度制御状態のモータに対する，

④ **ブレーキ**：減速制御
⑤ **EMG復帰**：過電流，異常検出などによる緊急停止（EMG）保護状態からの復帰
⑥ **停止**：モータ停止

などの処理も，プログラムが管理しますが，詳細なタイミング制御はベクトル・エンジンが行います．

7-2 ベクトル制御ソフトウェアは「アプリケーション」，「モータ制御」，「モータ駆動」の3階層で構成

　ベクトル制御ソフトウェア（メーカより提供されているサンプル・プログラム，以下この呼称を使う）は，**図7-3**に示すように，

① **アプリケーション**：ユーザ・インターフェース処理を行う
② **モータ制御**：状態遷移（State transition）によりモータ動作状態（Motor operation status）を制御する
③ **モータ駆動**：モータ駆動回路を直接アクセスしてモータの駆動処理を行う

の3階層で構成されています．

　アプリケーションはベクトル制御ソフトウェアが外部から制御コマンドを受け付けるインターフェース部です．ここではユーザがスイッチ，キーなどで設定した制御コマンドを入力するように設定されています．実際の応用機器の場合はシステム全体を制御するマイコンであったり，操作パネルのキーであったりします．

　また，アプリケーションは制御ステータスをモータ制御から取得し，必要な処理を行うとともにLEDなどに表示します．

　モータ制御は，アプリケーションから与えられる制御コマンドを読み取り，モータの動作状態に従ってより具体的な駆動コマンドに変換し，モータ駆動に与えます．また駆動ステータスをモータ駆動から取得し，必要な処理を行うとともにアプリケーションに転送します．

　モータ駆動はモータ制御から与えられる駆動コマンドを読み取り，モータを駆動します．またモータの動作を監視し，その状態に従って必要な処理を行うとともに，駆動ステータスをモータ制御に転送します．

　アプリケーションとモータ制御はメイン・ループの中で実行されます．モータ駆動はA-D変換割り込みで起動されます．

　図7-4はその例です．モータ回転中にアプリケーションから新たな制御目標周波数が与えられた場合，

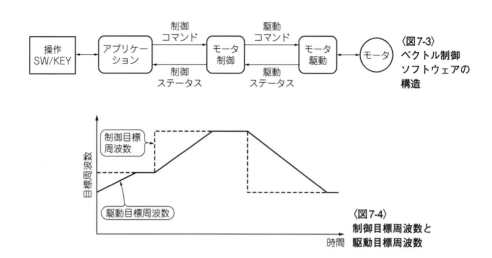

〈図7-3〉
ベクトル制御
ソフトウェアの
構造

〈図7-4〉
制御目標周波数と
駆動目標周波数

モータ駆動は急激な目標周波数の変化に対応できないので，いったんモータ制御内で徐々に変化する駆動目標周波数に変換してからモータ駆動に駆動指示を与えます．

7-3 3階層間のインターフェースは「コマンド」と「ステータス」で行う

● **アプリケーションとモータ制御間のインターフェース…制御コマンドと制御ステータス**

「アプリケーション」と「モータ制御」間のインターフェース用に，制御コマンドと制御ステータスがあります．

▶**制御コマンド**

制御コマンドには，次の4種類があります．

①制御方法（S_com_user）

・モータの起動スタート，ストップ

・エンコーダの有無

```
// Declaration of structure
typedef struct{
...
    UVAR16    F_user_encoder  :1;   /*位置検出方法0=電流, 1=エンコーダ*/
    UVAR16    F_user_onoff    :1;   /*モータ起動指令      0=off, 1=on*/
}T_ComUser;
T_ComUser S_com_user;
```

アプリケーションでは，S_com_userが制御指令として設定されます．

②制御目標周波数

```
    T_32Q31   S_omega_user;   /* [Hz/maxHz] OMEGA 指令，正規化された31ビット固定小
数点データ*/
```

アプリケーションでは，S_omega_userが制御目標周波数として設定されます．

③始動電流

　　T_16Q15　　S_Id_st_user;　　/* [A/maxA] d-軸起動電流指令，正規化された15ビット固定小数点データ*/

　　T_16Q15　　S_Iq_st_user;　　/* [A/maxA] q-軸起動電流指令，正規化された15ビット固定小数点データ*/

　アプリケーションでは，S_Id_st_userとS_Iq_st_userが起動電流指令として設定されます.

④位置決め時間

　　UVAR16　　S_Initp_time_user;　　/*位置決めの期間*/

　アプリケーションでは，S_Initp_time_user(sec)が位置決めの期間として設定されます.

▶制御ステータス

　制御ステータスは【制御結果(S_State)】を用意していますが，現在は実装されていません.

● モータ制御とモータ駆動間のインターフェース…駆動コマンドと駆動ステータス

　「モータ制御」と「モータ駆動」間のインターフェース用に，駆動コマンドと駆動ステータスがあります.

▶駆動コマンド

　駆動コマンドを以下に記します(**表7-1**).

①駆動方法(R_command)

```
struct{
  UVAR16   reserve      :7;   /* 保留*/
  UVAR16   F_comm_modul  :1;   /*PWM変調方式   0=2相，1=3相*/
  UVAR16   F_comm_theta  :1;   /* θ決め方法0=指令値，1=ωによる計算値*/
  UVAR16   F_comm_omega  :1;   /* ω決め方法0=指令値，1=推定値*/
  UVAR16   F_comm_current:1;   /*電流決め方法0=指令値，1=速度制御による*/
}R_command;
```

　アプリケーションは，R_commandを介してモータを制御する.

　それぞれのステージではモータ駆動コマンド(R_Command)を**表7-1**のように設定し，モータ駆動に指令しています.

(1) F_comm_theta

　ロータ位置推定演算で，=1のとき推定値をロータ位置θとします．=0では指令値をロータ位置とし

〈**表7-1**〉モータ駆動コマンド

それぞれのステージではモータ駆動コマンド(R_Command)を設定し，モータ駆動に指令する。

R_command	theta	omega	current	onoff
Stage				
Stop	0	0	0	0
InitPosition	0	0	0	1
Forced	1	0	0	1
Change_up	1	1	0	1
Steady	1	1	1	1

ます.

(2) `F_comm_omega`

　ロータ位置推定演算で, =1のとき推定値を角速度ωとします. =0では指令値を角速度とします.

(3) `F_comm_current`

　周波数制御において, d, q軸電流の基準値の算出方法を指令します.

　=1のとき, 速度偏差によりPI制御で求めた値を基準値とします. =0ではPI制御を実行せず, 指令値をそのまま基準値とします.

(4) `F_comm_onoff`

　モータ動作指令のON, OFFを指令します. =1でONになります.

②駆動目標周波数

```
T_32Q31   R_omega_com;
/* [Hz/maxHz] ω指令値(電気角度速度), 正規化された31ビット固定小数点データ*/
```

▶駆動ステータス

　駆動ステータスを以下に記します.

①駆動結果

```
typedef union {
  UVAR16        half;
  UVAR8         byte[2];
  HNIBLE_FIELD  nibble;
  HALF_FIELD    bit;
} HALF;
HALF          R_state;        /*制御(異常状態)結果*/
R_state.bit.b0                /*0:正常(負荷), 1:超負荷状態 */
R_state.bit.b1                /*0:正常(緊急), 1: 緊急状態(ソフト) */
R_state.bit.b2                /*0:正常(Vdc), 1: Vdc超過状態*/
```

②出力周波数

```
T_32Q31   R_omega;      /* [Hz/maxHz] ω(電気角度), 正規化された31ビット固定小数点データ*/
```

③トルク電流

```
T_16Q15   R_Iq;         /* [A/maxA] q-軸(トルク)電流, 正規化された15ビット固定小数点データ*/
```

④DC電圧

```
T_16Q15   R_Vdc;        /* [V/maxV] DC電圧, 正規化された15ビット固定小数点データ*/
```

7-4 ベクトル制御ソフトウェアの関数…アプリケーション関数, モータ制御関数, モータ駆動関数

● **アプリケーション, モータ制御, モータ駆動で使われる主な処理**(関数)

図7-5はベクトル制御プログラムで使われている主要モジュール(関数)の構成関連図, 図7-6は全体処理のフロー図です. アプリケーション, モータ制御, モータ駆動の各処理で使用される関数を説明します.

▶アプリケーション関数

アプリケーション処理はmain関数およびメイン・ループ内からコールされる以下の関数により実現されます.

- スイッチ, キー入力関数 (B_User_Control)

▶モータ制御関数

モータ制御処理はmain関数のメイン・ループ内からコールされる次の関数により実現されます. モータ動作を, 図7-7に示すように, 停止状態, 位置決め状態, 強制転流状態, 強制→定常切り替え状態, 定常状態, 保護状態間の状態遷移として制御します.

メイン・ステージはモータ動作開始指示で位置決め(Initpositon), 強制転流(Force), 強制→定常切り替え(Change_up), 定常(Steady_A)の順に移行します.

サブステージはStep0からStepEndまであり, StepEndの時にメイン・ステージが移行し, Step0から始まります. またモータの異常を検出した場合は, 保護停止Emergencyに移行します.

①状態遷移処理関数 (C_Control_Ref_Model)

アプリケーションから与えられる制御コマンドおよび現在の状態を監視し, 図7-7に示す状態遷移を実行します. 各状態はさらに詳細化されたサブ状態に分かれます. サブ状態の遷移は状態遷移処理関数ではなく, 各状態の処理関数内で実行されます.

②モータ制御共通処理関数 (C_Common)

モータ制御の各状態に共通な処理を実行します.

③停止状態関数 (C_Stage_Stop)

モータを停止させます(PWM出力を停止する). 停止中に以下の動作を実行できます

- 0電流検出

④位置決め状態関数(C_Stage_Initposition, 表7-2)

ロータを初期位置(θ=0)に固定させます.

θを「初期位置」に固定, ωを0に固定, I_qを0に固定しながら, I_dを0から徐々に増加させていきます. この処理を「位置決め時間」継続させ, 最終的にI_dが「初期I_d」になります. 「位置決め時間」と「初期I_d」から単位時間当たりのI_dの増加量を決定します.

位置決め状態を以下のサブ状態に分けて制御します.

(1)初期状態

位置決め状態の初期設定を行います.

(2)I_d増加状態

I_dを設定値まで徐々に増加させます.

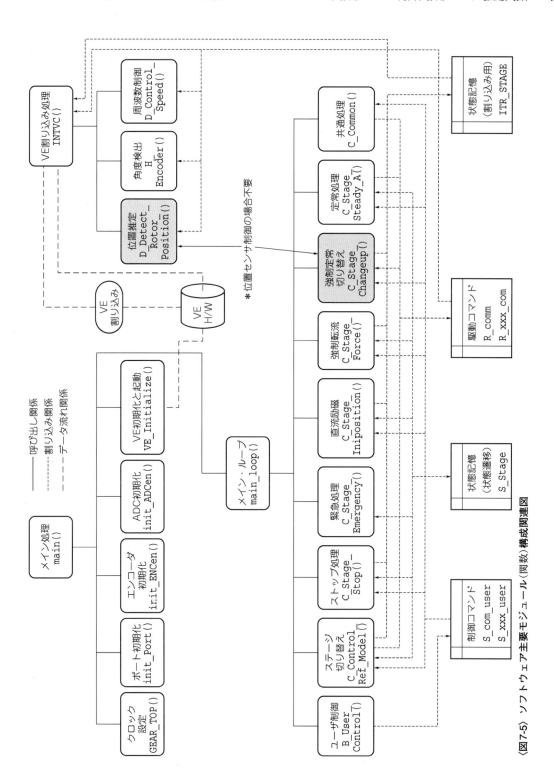

〈図7-5〉ソフトウェア主要モジュール（関数）構成関連図

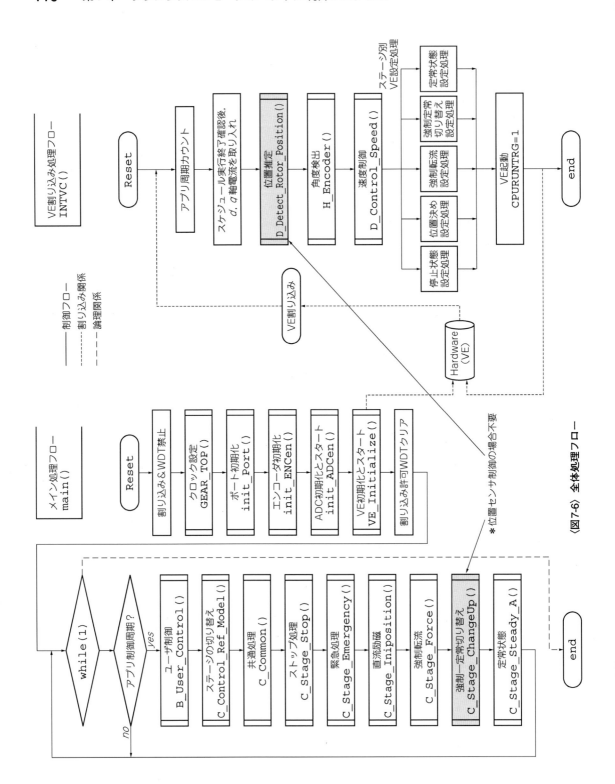

VE割り込み処理フロー — INTVC()

Reset → アプリ周期カウント → スケジュール実行終了確認後，d, q軸電流を取り入れ → 位置推定 D_Detect_Rotor_Position() → 角度検出 H_Encoder() → 速度制御 D_Control_Speed() → ステージ別 VE設定処理 → VE起動 CPURUNTRG=1 → end

ステージ別 VE設定処理：
- 定常状態 設定処理
- 強制定常 切り替え 設定処理
- 強制転流 設定処理
- 位置決め 設定処理
- 停止状態 設定処理

凡例：
―――― 制御フロー
------- 割り込み関係
― ― ― 論理関係

VE割り込み

Hardware (VE)

メイン処理フロー — main()

Reset → 割り込み&WDT禁止 → クロック設定 GEAR_TOP() → ポート初期化 init_Port() → エンコーダ初期化 init_ENCen() → ADC初期化とスタート init_ADCen() → VE初期化とスタート VE_Initialize() → 割り込み許可WDTクリア

＊位置センサ制御の場合不要

while(1) → アプリ制御周期? → [yes] → ユーザ制御 B_User_Control() → ステージの切り替え C_Control_Ref_Model() → 共通処理 C_Common() → ストップ処理 C_Stage_Stop() → 緊急処理 C_Stage_Emergency() → 直流励磁 C_Stage_Iniposition() → 強制転流 C_Stage_Force() → 強制一定常切り替え C_Stage_ChangeUp() → 定常状態 C_Stage_Steady_A() → end

[no]

〈図7-6〉 全体処理フロー

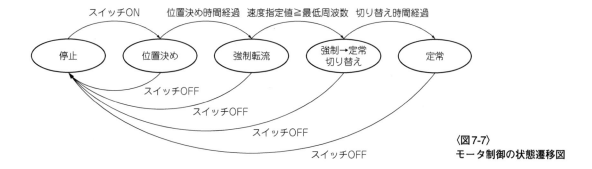

〈図7-7〉
モータ制御の状態遷移図

名前	意味	Qフォーマット	単位
R_command	駆動コマンド	Q0	---
S_Initp_time_user	位置決め時間	Q0	* MainLoopPrd(s)
S_Stage_counter	ステージ・カウンタ	Q0	* MainLoopPrd(s)
S_Id_st_user	始動電流	Q15	A/A_Max
R_Id_com	d軸電流指令値	Q31	A/A_Max
R_Iq_com	q軸電流指令値	Q31	A/A_Max
R_omega_com	角速度指令値	Q15	Hz/Hz_Max
R_theta_com	電気角指令値	Q0	最大値で電気角360°
S_lambda_user	初期位置	Q0	最大値で電気角360°

〈表7-2〉
位置決め状態関数
(C_Stage_Init
position)

名前	意味	Qフォーマット	単位
R_command	駆動コマンド	Q0	---
S_Id_st_user	始動電流	Q15	A/A_Max
R_Id_com	d軸電流指令値	Q31	A/A_Max
R_Iq_com	q軸電流指令値	Q31	A/A_Max
R_omega_com	角速度指令値	Q15	Hz/Hz_Max
Hz_Min	最低周波数	Q0	Hz
S_sp_ud_lim_f_user	角速度増減リミット値	Q31	Hz/Hz_Max/s

〈表7-3〉
強制転流状態関数
(C_Stage_
Force)

⑤強制転流状態関数(C_Stage_Force, 表7-3)

ロータの回転を開始します. このステージではベクトル制御によるフィードバック処理ではなく, 強制的に回転磁界を与えて, ロータがそれに追随して回転します.

I_dを「初期I_d」に固定, I_qを0に固定しながら, ωを徐々に増加させます. θはωから求めます. この処理をωが「最小周波数」に達するまで継続します.

「駆動目標周波数」を一定値ずつ増加させて「制御目標周波数」に近づけます.「駆動目標周波数」がωになります.

⑥強制定常切り替え状態関数(C_Stage_Change_up, 表7-4)

I_dを徐々に0に減少させると同時に, I_qを徐々に「初期I_q」に増加させ, 磁界の方向がロータと直角になるように制御します. つまりトルク成分を発生させます. ω, θは位置推定演算により求めます.

「駆動目標周波数」を一定値ずつ増加させて「制御目標周波数」に近づけます. ただしこのステージでは周波数制御は行っていないため,「駆動目標周波数」は制御には使用されません. I_d, I_qを固定し,

名　前	意　味	Qフォーマット	単　位
R_command	駆動コマンド	Q0	---
S_Stage_counter	ステージ・カウンタ	Q0	ms
S_lambda_cal	角速度計算値	Q0	最大値で電気角360°
S_Id_st_user	始動電流	Q15	A/A_Max
R_Id_com	d軸電流指令値	Q31	A/A_Max
R_Iq_com	q軸電流指令値	Q31	A/A_Max
R_omega_com	角速度指令値	Q15	Hz/Hz_Max
S_sp_ud_lim_f_user	角速度増減リミット値	Q31	Hz/Hz_Max/s

〈表7-4〉
強制定常
切り替え状態関数
(C_Stage_Change_up)

名　前	意　味	Qフォーマット	単　位
R_command	駆動コマンド	Q0	---
R_Id_com	d軸電流指令値	Q31	A/A_Max
R_omega_com	角速度指令値	Q31	Hz/Hz_Max
S_omega_user	角速度目標値	Q31	Hz/Hz_Max
S_sp_up_lim_S_user	角速度増加リミット値	Q31	Hz/Hz_Max/s
S_sp_dn_lim_S_user	角速度減少リミット値	Q31	Hz/Hz_Max/s

〈表7-5〉
定常状態関数
(C_Stage_Steady_A)

「強制定常切り替え時間」処理を継続します.

　強制定常切り替え状態を以下のサブ状態に分けて制御します.

(1)初期状態

　強制定常切り替え状態の初期設定を行います.

(2)I_d, I_q切り替え状態

　I_dを0まで徐々に減少させ, 同時にI_qを指定値まで徐々に増加させます. 増加および減少の曲線は線形ではなく, 三角関数曲線によります.

(3)時間経過待ち状態

　指定された強制定常切り替え時間が経過するのを待ち, 定常状態へ遷移します.

⑦定常状態関数(C_Stage_Steady_A, 表7-5)

　定常状態の処理を実行します. 駆動目標周波数」を一定値ずつ増加させて「制御目標周波数」に近づけます.

⑧保護状態関数(C_Stage_Emergency)

　過電流を検出すると過電流保護へ遷移し, モータ駆動出力u, v, w, x, y, zをすべてOFFにします. プロセッサにReset信号が入力されるまでこのステージを維持します.

▶モータ駆動関数

　ソフトウェア制御の場合, モータ駆動関数には, 以下で説明する「ロータ位置推定関数」, 「周波数制御関数」以外に, 「電流算出関数」, 「電流制御関数」, 「電圧出力関数」があり, それらは, PWM割り込み, もしくはAD割り込み関数内で使用されます. しかし, 本ソフトウェアでは, 図7-8に示すようにベクトル・エンジン(VE)を使用しているため, これらの関数はありません. その代わりに, 状態別にVEを設定/起動するソフトがVE割り込み関数内に置かれています. また, モータ駆動関数についても, 同じところで使用されています.

⑨VE割り込み関数(INTVCA)

　VE入力処理の結果(I_q, I_d, V_{dc})を取得し, 「ロータ位置推定関数」に渡します. 「周波数制御関数」

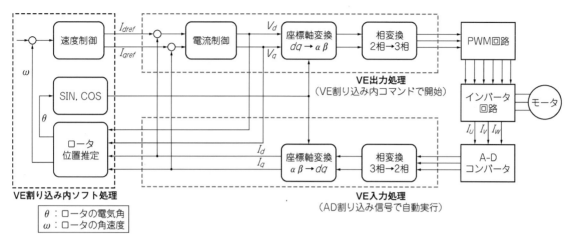

〈図7-8〉ベクトル・エンジンの制御ブロック図

終了後，状態によって，各数値をセットし，VE出力処理を起動します．状態別の設定内容を以下に記します．

(1)停止

　出力停止

　VEスケジュール：9

　OMEGA0=0x0;

　ID0 = 0x0;

　IQ0 = 0x0;

　VD0 = 0x0;

　VQ0 = 0x0;

　VDIH0 = 0x0;

　VDILH0 = 0x0;

　VQIH0 = 0x0;

　VQILH0 = 0x0;

　IDREF0 = 0x0;

　IQREF0 = 0x0;

　THETA0 = 0x0;

(2)位置決め

　出力開始

　VEスケジュール：1

　OMEGA0=0x0;

　IDREF0 = Id コマンド値

　IQREF0 = 0x0;

　THETA0 = 0x0;

(3) 強制転流

　　出力開始

　　VEスケジュール：1

　　IDREF0 = Id コマンド値

　　IQREF0 = 0x0;

　　THETA0 = Theta 演算値

(4) 強制→定常切り替え

　　出力開始

　　VEスケジュール：1

　　IDREF0 = Id コマンド値

　　IQREF0 = Iq コマンド値

　　THETA0 = Theta 演算値

(5) 定常

　　出力開始

　　VEスケジュール：1

　　IDREF0 = Id コマンド値

　　IQREF0 = Iq コマンド値

　　THETA0 = Theta 演算値

⑩ロータ位置推定関数（D_Detect_Rotor_Position，図7-9）

　この関数は，センサレス制御の場合必要であり，位置センサ制御の場合は，角度検出関数（H_Encoder）となります．

　ロータ位置推定はロータ位置推定値の誤差から生じるd軸誘起電圧を0にするような角速度を算出し，角速度から現在のロータ位置を推定しています．

　図7-9 (a) は推定誤差がなく，誘起電圧$E=R\_Eq$の状態です．一方，**図7-4 (b)** は誘起電圧Eがq軸に対してずれているおり，R_Edが0でない状態です．ロータが矢印方向に回転している場合，実際のd，q（ロータ位置）に対しd'，q'が進んでいることになり，この場合，角速度を減速することでずれ（R_Ed）が0になるように調整します．

$$E_d = V_d - R \times I_d + \omega_{est} \times L_q \times I_q$$
$$\theta_n = \theta_{n-1} + T_s \times \omega_{est}$$

　E_d：d軸誘起電圧

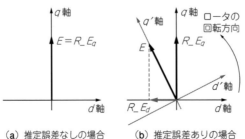

（a）推定誤差なしの場合　　（b）推定誤差ありの場合

〈図7-9〉
ロータ位置推定関数
…推定誤差がある場合，ない場合

名　前	意　味	Qフォーマット	単　位
R_Ed	d軸誘起電圧	Q15	V/V_Max
R_R_temp32	E_d抵抗成分	Q31	V/V_Max
R_LQ_temp32	E_dインダクタンス成分	Q31	V_V_Max
R_Vd	d軸電圧	Q31	V/V_Max
Motor_R	抵抗	Q0	Ω
Motor_Lq	インダクタンス	Q0	mH
R_Id	d軸電流	Q15	A/A_Max
R_Iq	q軸電流	Q15	A/A_Max
R_omega	角速度(ω_{est})	Q31	Hz/Hz_Max

〈表7-6〉
d軸誘起電圧

名　前	意　味	Qフォーマット	単　位
R_Ed_I	d誘起電圧積算値	Q31	V/V_max
R_Ed_PI	操作量	Q31	Hz/Hz_Max
R_Ed	d軸誘起電圧	Q15	V/V_Max
Position_Ki	積分ゲイン	Q0	Hz/Vs
CtrlPrd	制御周期	Q0	s
Position_Kp	比例ゲイン	Q0	Hz/V

〈表7-7〉
操作量の算出

V_d：d軸印加電圧

$I_d,\ I_q$：d軸, q軸電流

ω_{est}：推定周波数

R：ロータ・コイル抵抗

L_q：q軸ロータ・コイル・インダクタンス

T_s：制御周期

θ：ロータ位置

(1) d軸誘起電圧(**表7-6**)

　d軸誘起電圧E_dはd軸に関する等価回路方程式から求めます.

　　$E_d = V_d - R \times I_d + \omega_{est} \times L_q \times I_q$

　ソフトウェアでは抵抗成分, インダクタンス成分に分割して処理しています.

```
R_R_temp32 = Motor_R * R_Id
R_LQ_temp32 = R_omega * Motor_Lq * 2 * PI * R_Iq
R_Ed = R_Vd - R_R_temp32 + R_LQ_temp32
```

(2) 操作量の算出(**表7-7**)

　R_Edのずれからどれだけ角速度指令値を補正するか, 操作量R_Ed_PIを計算します. 計算方法は以下の式で求めます.

```
R_Ed_I = +R_Ed_I + 積分ゲイン(Ki) * R_Ed(*1)
R_Ed_PI = R_Ed_I + 比例ゲイン(Kp) * R_Ed(*1)
```

(*1)：ロータの回転方向により演算

(3)推定値の算出(表7-8)

前項で求めた操作量と現在の速度指令値から角速度計算値R_omega_calcを計算します．センサレス駆動の場合は角速度計算値から位置推定値R_theta_32を求めます．

R_omega_calc = R_omega_com + R_Ed_PI

R_theta = R_theta + R_omega × CtrPrd

名　前	意　味	Qフォーマット	単　位
R_omega_calc	角速度計算値	Q31	Hz/Hz_Max
R_omega_com	角速度指令値	Q31	Hz/Hz_Max
R_theta	位置推定値	Q0	最大値で電気角360°
CtrPrd	制御周期	Q0	s

〈表7-8〉
推定値の算出

名　前	意　味	Qフォーマット	単　位
R_omega_dev	角速度偏差	Q15	Hz/Hz_Max
R_Iq_ref_I	q軸電流基準積分値	Q31	A/A_Max
Speed_Ki	積分ゲイン	Q0	A/Hzs
CtrlPrd	制御周期	Q0	s
R_Iq_ref	q軸電流基準値	Q15	A/A_Max
Speed_Kp	比例ゲイン	Q0	A/Hz
R_Id_ref	d軸電流基準値	Q15	A/A_Max
R_Id_com	d軸電流指令値	Q15	A/A_Max

〈表7-9〉
周波数制御関数
(D_Control_
Speed)

〈表7-10〉ソフトウェア・ソース・ファイル一覧

ファイル名	サイズ 行数	サイズ Kバイト	機能説明
CortexM3_SYS.h	75	3	Cortex-M3コア用ヘッダ・ファイル
D_Driver.c	133	5	モータ駆動処理関数
D_Driver.h	33	1	モータ駆動処理関数ヘッダ・ファイル
D_Para.h	53	3	モータ駆動関連パラメーター定義ヘッダ・フィアル
initial.c	449	13	ポート，クロック，ADおよびVEなど初期化処理関数
initial.h	30	1	初期化処理関数ヘッダ・ファイル
interrupt.c	163	6	割り込み処理関数
interrrupt.h	27	1	割り込み関数ヘッダ・タイル
ipdefine.h	796	37	ポート，クロック，ADおよびVEなどの設定に使用されるマクロを定義するヘッダ・フィアル
M370_int.c	210	7	TMPM370割り込み設定用共通処理関数
M370_int.h	235	16	TMPM370割り込みハンドラ定義ヘッダ・ファイル
main.c	372	10	モータ駆動アプリケーション処理
main.h	93	4	モータ駆動アプリケーション処理ヘッダ・ファイル
port_def.h	278	12	ポート設定用初期値定義ヘッダ・ファイル
sys_macro.h	199	6	一般(共通)システム・マクロ定義ヘッダ・ファイル
system_int.c	115	4	TMPM370割り込み(ハンドラ)処理関数
system_int.h	122	4	TMPM370システム割り込み関数ヘッダ・ファイル
tmpm370_sys.c	8	1	(単にtmpm370_sys.hをインクルード)
tmpm370_sys.h	865	28	TMPM370各SFRデータ型を定義するヘッダ・ファイル
vector.c	206	9	(例外処理)ベクトル・テーブル定義ファイル

⑪周波数制御関数（D_Control_Speed, 表7-9）

制御量が出力周波数ω，操作量がq軸電流I_qとしてPI制御を行います．速度指令値と実際の速度の偏差から，d軸とq軸電流基準値を決定します．

```
R_omega_dev = R_omega_com - R_omega
R_Iq_ref_I = R_Iq_ref_I_32 + 積分ゲイン(Ki) * R_omega_dev
R_Iq_ref = R_Iq_ref_I + 比例ゲイン(Kp) * R_omega_dev
R_Id_ref = R_Id_com(d軸電流指令値)
```

● ベクトル制御ソフトウェアの詳細データ

表7-10にソフトウェア・ソース・ファイル一覧，**表7-11**に主な変数一覧，**表7-12**に主なパラメータ（変数）一覧，**表7-13**に関数一覧を示します．

〈表7-11〉主な変数一覧

名　称	説　明	ビット幅	単　位	備　考
ソフト				
M_Main_Counter	メイン周期タイミング・カウンタ	16	---	
S_com_user	モータ制御指令値	16		
b0：F_user_modul	未使用			
b1-7：reserve	reserve			
b8-11：steady	未使用			
b12-13：start	未使用			
b14：F_user_encoder	エンコーダ指令　1：使用する			
b15：F_user_onoff	モータON/OFF指令　1：ON			
S_com_user_1	前回モータ制御指令値		---	
S_omega_user	VE駆動__回転指令値	32	Hz/maxHz	1電気角周波数を設定
S_Id_st_user	始動d軸電流指令値	16	A/maxA	
S_Iq_st_user	始動q軸電流指令値	16	A/maxA	
S_sp_ud_lim_f_user	VE駆動__回転数加減速リミット（強制転流）	32	---	増加制限値
S_sp_up_lim_s_user	VE駆動__回転数加速リミット（定常）	32	---	定常増加制限値
S_sp_dn_lim_s_user	VE駆動__回転数減速リミット（定常）	32	---	定常減少制限値
S_Initp_time_user	直流励磁時間の長さ	16		モータ位置決め時間
S_lambda_user	初期モータ位置		deg/360	
S_stage	モータ・ステージ		---	
S_stage_counter	ステージ内カウンタ	16		
ITR_STAGE	割込み処理モータ・ステージ	16		
R_command	コマンド	16	---	
b0：F_comm_onoff	モータON/OFF　1：ON			
b1：F_comm_Idetect	未使用			
b2：F_comm_Edetect	電圧による位置推定　1：する			
b3：F_comm_volt	未使用			
b4：F_comm_current	ω PI演算　1：する			
b5：F_comm_omega	R_omegaの決定　1：演算			

〈表7-11〉主な変数一覧(つづき)

名　称	説　明	ビット幅	単　位	備　考
b6：F_comm_theta	R_thetaの決定　1：演算			
b7：F_comm_encoder	エンコーダ　1：使用する			
b8：F_comm_module	未使用			
R_omega_com	モータ角速度指令値	32	Hz/maxHz	
R_Id_com	d軸電流指令値	32	A/maxA	
R_Iq_com	q軸電流指令値	32	A/maxA	
R_theta_com	回転位置指令値	16	---	機械角
R_state	モータ状態	16	---	
b0：F_state_emg_H_	EMG状態　1：保護中			
b1：F_state_emg_I	過電流(I_a-I_c)状態1：保護中			
b2：F_state_emg_DC	V_{dc}電圧状態　1：異常中			
R_Id_ref	d軸電流基準値	16	A/maxA	
R_Iq_ref	q軸電流基準値	16	A/maxA	
R_Iq_ref_I	q軸電流指令値(積分値)	32	A/maxA	
R_omega	モータ角速度	32	Hz/maxHz	
R_omega_I	モータ角速度積分値	32	Hz/maxHz	
R_omega_dev	モータ角速度偏差	16	Hz/maxHz	
R_theta	モータ電気角	32	---	
R_omega_enc	モータ角速度	16		エンコーダ値より算出
R_theta_enc	モータ電気角	16		エンコーダ値より算出
R_EnCnt	エンコーダ・カウンタ値	16		カウンタ値を代入
EnCnt1	エンコーダ・カウンタ値保存	16		データ保存
R_EnCnt_dev	エンコーダ・カウント値偏差	16		最新-前回データ
R_EncCntdevAve	エンコーダ・カウント値偏差	16		最新-前回データ
ハード(VE)				
MCTLF0	異常/判定結果保持(未定)	2		変更ある
MODE0	タスク制御モード	4	---	
TASKAPP	タスク指定	8	---	
ACTSCH	動作スケジュール選択	8	---	
OMEGA0	回転速度(速度[Hz]÷最大速度×2^{15})	16	---	
ID0	d軸電流(電流[A]÷最大電流×2^{31})	32	---	
IQ0	q軸電流(電流[A]÷最大電流×2^{31})	32	---	
VD0	d軸電圧(電圧[V]÷最大電圧×2^{31})	32	---	
VQ0	q軸電圧(電圧[V]÷最大電圧×2^{31})	32	---	
THETA0	モータ位相 (モータ位相[deg]/360×2^{16})	16	---	
IDREF0	d軸基準値(電流[A]÷最大電流×2^{15})	16	---	
IQREF0	q軸基準値(電流[A]÷最大電流×2^{15})	16	---	
CPURUNTRG	CPU起動トリガ選択	2	---	
IAADC0	a相電流ADC変換結果	16	---	
IBADC0	b相電流ADC変換結果	16	---	
ICADC0	c相電流ADC変換結果	16	---	
VDC0	DC電源電圧(電圧[V]÷最大電圧×2^{15})	16	---	

〈表7-12〉 主なパラメータ（定数）一覧

名　称	設定値	単　位	説　明
ソフト			
cIMCLK_FRQ	80	MHz	マスタ・クロック
S_Iq_st_user_act	1.5	A	始動q軸電流指令値
S_Id_st_user_act	1	A	始動d軸電流指令値
cMotor_R	0.566666667	Ω	モータ巻線抵抗
cMotor_Lq	0.316667	mH	モータq軸インダクタンス
cMotor_Ld	0.316667	mH	モータd軸インダクタンス
cMotor_E	0.02404	V	モータ誘起電圧
cPole	8	---	モータ極数
cA_Max	16	A	最大入力電流値
cI_Error	4	A	電流エラー値
cId_Lim	4	A	d軸電流リミット値
cIq_Lim	4	A	q軸電流リミット値
cMAX_ST_I	8	A	最大始動電流
cPWMPRD	62.5	μs	PWM周期
cPWMPeriod	cIMCLK_FRQ * cPWMPRD / 2	kHz	PWMキャリア周波数
cV_MAX	150	V	DC 最大電圧
cVdc_Lim	40	V	DC 電圧リミット
cHz_MAX	250	Hz	最大周波数
cHz_LIMIT	200	Hz	リミット周波数
cHz_MIN	60	Hz	最小周波数
cCtrlPrd	0.000001*cPWMPRM	s	ドライバ制御期間
cSpeed_Kp	0.08	[A/Hz]	周波数制御比例ゲイン
cSpeed_Ki	0.12	[A/Hzs]	周波数制御比例積分ゲイン
cEncPulseNum	2048	P/R	エンコーダ・パルス数
cEncMultiple	4		パルス・カウント
cFcdUDLim	50	Hz/sec	強制転流 加速減速リミット
cStdUpLim	100	Hz/sec	VE駆動_定常加速リミット
cStdDwLim	100	Hz/sec	VE駆動_定常減速リミット
cInitLen	1	s	直流励磁時間の長さ
cGoUpDelayLen	0 （未使用）	s	強制定常切り替え後待機時間の長さ
cMainLoopPrd	0.001	s	処理間隔 (s)
cMainLoopTime	cMainLoopPrd/ (cPWMPRD*0.000001)	---	メイン関数ループ処理
cDEADTIME	1.4	μs	デッドタイム
備考：　以上ソフト・パラメータは，M370 Mywayボード上多摩川精機社製TBL-i Series ACサーボモータ(TS4542N1201E900)を駆動する場合の参考設定である			
ハード(PMD，VEなど)			
WBUF_BUS	0	---	ソフトによるW-BUFデータを取得する制御パラメータ
WBUF_VE	1	---	VEによる自動的にW-BUFデータを取得するパラメータ
cMDCR_INI	BIT8(0,0,0,1,0,0,1,1)	---	MDCRレジスタ初期値
cMDOUT_OFF	BIT16(0,0,0,0,0,0,0,0,0, 0,0,0,0,0,0,0)	---	MDOUTレジスタ設定値 全相出力OFF
cMDOUT_ON	BIT16(0,0,0,0,0,1,1,1, 0,0,1,1,1,1,1,1)	---	MDOUTレジスタ設定値 全相出力ON

名　称	設定値	単　位	説　明
cMDOUT_ON1	BIT16(0,0,0,0,0,1,1,1, 0,0,1,1,0,0,1,1)	---	MDOUT レジスタ設定値 V相だけOFF（1シャント検流時使用）
cMDOUT_ON2	BIT16(0,0,0,0,0,1,1,1, 0,0,0,0,1,1,1,1)	---	MDOUT レジスタ設定値 W相だけOFF（1シャント検流時使用）
cMDOUT_ON3	BIT16(0,0,0,0,0,1,1,1, 0,0,1,1,1,1,0,0)	---	MDOUT レジスタ設定値 U相だけOFF（1シャント検流時使用）
cMDOUT_ON4	BIT16(0,0,0,0,0,1,1,1, 0,0,0,0,0,0,0,0)	---	MDOUT レジスタ設定値 上相だけPWM，下相矩形波
cMDPOT_OFF	BIT8(0,0,0,0,1,1,0,0)	---	MDPOT レジスタ設定値 非同期設定
cMDPOT_ON	BIT8(0,0,0,0,1,1,1,1)	---	MDPOT レジスタ設定値 CNT= 1 or MDPRD 同期設定
cMDPOT_ON1	BIT8(0,0,0,0,1,1,1,1)	---	MDPOT レジスタ設定値 CNT= 1 or MDPRD 同期設定
cMDPOT_ON2	BIT8(0,0,0,0,1,1,1,1)	---	MDPOT レジスタ設定値 CNT= 1 or MDPRD 同期設定
cMDPOT_ON3	BIT8(0,0,0,0,1,1,1,1)	---	MDPOT レジスタ設定値 CNT= 1 or MDPRD 同期設定
cMDPOT_ON4	BIT8(0,0,0,0,1,1,1,0)	---	MDPOT レジスタ設定値 CNT=MDPRD 同期設定
cTRG_1SHUNT0	BIT16(0,0,0,0,0,1,0,0, 1,0,0,1,1,0,0,1)	---	TRGCR レジスタ設定値（1シャント） TRG0:Down,TRG1:Down,TRG2:Peek
cTRG_1SHUNT1	BIT16(0,0,0,0,0,1,0,0, 1,0,1,0,1,0,0,1)	---	TRGCR レジスタ設定値（1シャント） TRG0:Down,TRG1:UP,TRG3:Peek
cTRG_3SHUNT	BIT16(0,0,0,0,0,0,0,0, 0,0,0,0,0,1,0,0)	---	TRGCR レジスタ設定値（3シャント） TRG0:Peek
cEMG_ENA	BIT16(0,0,0,0,0,0,0,0, 0,0,1,1,1,0,0,1)	---	EMGCR レジスタ設定値 Enable EMG
cEMG_DIS	BIT16(0,0,0,0,0,0,0,0, 0,0,1,1,1,0,0,0)	---	EMGCR レジスタ設定値 Disable EMG
cEMG_Release	BIT16(0,0,0,0,0,0,0,0, 0,0,0,0,0,0,1,0)	---	EMGCR レジスタ設定値 Release EMG
cOVV_ENA	BIT16(0,0,0,0,0,0,0,0, 0,1,1,1,1,1,0,1)	---	OVVCR レジスタ設定値 Enable OVV
cOVV_DIS	BIT16(0,0,0,0,0,0,0,0, 0,0,0,0,0,0,0,0)	---	OVVCR レジスタ設定値 Disable OVV
cOVV_Release0	BIT16(0,0,0,0,0,0,0,0, 0,0,0,0,0,0,0,0)	---	OVVCR レジスタ設定値 Release OVV setting 0 (1st)
cOVV_Release1	BIT16(0,0,0,0,0,0,0,0, 0,0,0,0,0,0,1,0)	---	OVVCR レジスタ設定値 Release OVV setting 1 (2nd)
ioMODEREGIn	0x3	---	VE　MODEREG レジスタ設定値 VE使用:0x3, VE未使用:0x0
ioVEENIn	0x1	---	VE　VEEN レジスタ設定値
ioTASKAPPIn	0x0	---	VE　TASKAPP レジスタ設定値
ioACTSCHIn	0x9	---	VE　ACTSCH レジスタ設定値
ioREPTIMEIn	0x1	---	VE　REPTIME レジスタ設定値
ioTRGMODEIn	0x0	---	VE　TRGMODE レジスタ設定値
ioERRINTENIn	0x1	---	VE　ERRINTEN レジスタ設定値
ioCOMPENDIn	0x0	---	VE　COMPEND レジスタ設定値
ioERRDETIn	0x0	---	VE　ERRDET レジスタ設定値
ioSCHTASKRUNIn	0x0	---	VE　SCHTASKRUN レジスタ設定値
ioTMPREG0In	0x0	---	VE　TMPREG0 レジスタ設定値

名　称	設定値	単　位	説　明
ioTMPREG1In	0x0	---	VE　　TMPREG1レジスタ設定値
ioTMPREG2In	0x0	---	VE　　TMPREG2レジスタ設定値
ioTMPREG3In	0x0	---	VE　　TMPREG3レジスタ設定値
ioTMPREG4In	0x0	---	VE　　TMPREG4レジスタ設定値
ioTMPREG5In	0x0	---	VE　　TMPREG5レジスタ設定値
ioCPURUNTRGIn	0x1	---	VE　　CPURUNTRGレジスタ設定値
ioMCTLF0In	0x0	---	VE Ch0 MCTLF0レジスタ設定値
ioMODE0In	0x0	---	VE Ch0 MODE0レジスタ設定値
ioFMODE0In	0x0	---	VE Ch0 FMODE0レジスタ設定値
ioTPWM0In	(UVAR16)(65536* cHz_MAX*0.000125)	---	VE Ch0 TPWM0レジスタ設定値
ioOMEGA0In	0x0	---	VE Ch0 OMEGA0レジスタ設定値
ioTHETA0In	0x0	---	VE Ch0 THETA0レジスタ設定値
ioIDREF0In	0x0	---	VE Ch0 IDREF0レジスタ設定値
ioIQREF0In	0x0	---	VE Ch0 IQREF0レジスタ設定値
ioVD0In	0x0	---	VE Ch0 VD0レジスタ設定値
ioVQ0In	0x0	---	VE Ch0 VQ0レジスタ設定値
ioCIDKI0In	0x0	---	VE Ch0 CIDKI0レジスタ設定値
ioCIDKP0In	0x0	---	VE Ch0 CIDKP0レジスタ設定値
ioCIQKI0In	0x0	---	VE Ch0 CIQKI0レジスタ設定値
ioCIQKP0In	0x0	---	VE Ch0 CIQKP0レジスタ設定値
ioVDIH0In	0x0	---	VE Ch0 VDIH0レジスタ設定値
ioVDILH0In	0x0	---	VE Ch0 VDILH0レジスタ設定値
ioVQIH0In	0x0	---	VE Ch0 VQIH0レジスタ設定値
ioVQILH0In	0x0	---	VE Ch0 VQILH0レジスタ設定値
ioFPWMCHG0In	0x0	---	VE Ch0 FPWMCHG0レジスタ設定値
ioVMDPRD0In	0x0	---	VE Ch0 VMDPRD0レジスタ設定値
ioMINPLS0In	0x0	---	VE Ch0 MINPLS0レジスタ設定値
ioTRGCRC0In	0x0	---	VE Ch0 TRGCRC0レジスタ設定値
ioVDCL0In	(T_16Q15)(FIXPOINT_15 *cVdc_Lim/cV_MAX)	---	VE Ch0 VDCL0レジスタ設定値
ioCOS0In	0x0	---	VE Ch0 COS0レジスタ設定値
ioSIN0In	0x0	---	VE Ch0 SIN0レジスタ設定値
ioCOSM0In	0x0	---	VE Ch0 COSM0レジスタ設定値
ioSINM0In	0x0	---	VE Ch0 SINM0レジスタ設定値
ioSECTOR0In	0x0	---	VE Ch0 SECTOR0レジスタ設定値
ioSECTORM0In	0x0	---	VE Ch0 SECTORM0レジスタ設定値
ioIAO0In	0x0	---	VE Ch0 IAO0レジスタ設定値
ioIBO0In	0x0	---	VE Ch0 IBO0Iレジスタ設定値
ioICO0In	0x0	---	VE Ch0 ICO0レジスタ設定値
ioIAADC0In	0x0	---	VE Ch0 IAADC0レジスタ設定値
ioIBADC0In	0x0	---	VE Ch0 IBADC0レジスタ設定値
ioICADC0In	0x0	---	VE Ch0 ICADC0レジスタ設定値
ioVDC0In	0x0	---	VE Ch0 VDC0レジスタ設定値
ioID0In	0x0	---	VE Ch0 ID0レジスタ設定値
ioIQ0In	0x0	---	VE Ch0 IQ0レジスタ設定値
ioMCTLF1In	0x0	---	VE Ch1 MCTLF0レジスタ設定値

名　称	設定値	単　位	説　明
ioMODE1In	0x0	---	VE Ch1 MODE0レジスタ設定値
ioFMODE1In	0x0	---	VE Ch1 FMODE0レジスタ設定値
ioTPWM1In	0x0	---	VE Ch1 TPWM0レジスタ設定値
ioOMEGA1In	0x0	---	VE Ch1 OMEGA0レジスタ設定値
ioTHETA1In	0x0	---	VE Ch1 THETA0レジスタ設定値
ioIDREF1In	0x0	---	VE Ch1 IDREF0レジスタ設定値
ioIQREF1In	0x0	---	VE Ch1 IQREF0レジスタ設定値
ioVD1In	0x0	---	VE Ch1 VD0レジスタ設定値
ioVQ1In	0x0	---	VE Ch1 VQ0レジスタ設定値
ioCIDKI1In	0x0	---	VE Ch1 CIDKI0レジスタ設定値
ioCIDKP1In	0x0	---	VE Ch1 CIDKP0レジスタ設定値
ioCIQKI1In	0x0	---	VE Ch1 CIQKI0レジスタ設定値
ioCIQKP1In	0x0	---	VE Ch1 CIQKP0レジスタ設定値
ioVDIH1In	0x0	---	VE Ch1 VDIH0レジスタ設定値
ioVDILH1In	0x0	---	VE Ch1 VDILH0レジスタ設定値
ioVQIH1In	0x0	---	VE Ch1 VQIH0レジスタ設定値
ioVQILH1In	0x0	---	VE Ch1 VQILH0レジスタ設定値
ioFPWMCHG1In	0x0	---	VE Ch1 FPWMCHG0レジスタ設定値
ioVMDPRD1In	0x0	---	VE Ch1 VMDPRD0レジスタ設定値
ioMINPLS1In	0x0	---	VE Ch1 MINPLS0レジスタ設定値
ioTRGCRC1In	0x0	---	VE Ch1 TRGCRC0レジスタ設定値
ioVDCL1In	0x0	---	VE Ch1 VDCL0レジスタ設定値
ioCOS1In	0x0	---	VE Ch1 COS0レジスタ設定値
ioSIN1In	0x0	---	VE Ch1 SIN0レジスタ設定値
ioCOSM1In	0x0	---	VE Ch1 COSM0レジスタ設定値
ioSINM1In	0x0	---	VE Ch1 SINM0レジスタ設定値
ioSECTOR1In	0x0	---	VE Ch1 SECTOR0レジスタ設定値
ioSECTORM1In	0x0	---	VE Ch1 SECTORM0レジスタ設定値
ioIAO1In	0x0	---	VE Ch1 IAO0レジスタ設定値
ioIBO1In	0x0	---	VE Ch1 IBO0Iレジスタ設定値
ioICO1In	0x0	---	VE Ch1 ICO0レジスタ設定値
ioIAADC1In	0x0	---	VE Ch1 IAADC0レジスタ設定値
ioIBADC1In	0x0	---	VE Ch1 IBADC0レジスタ設定値
ioICADC1In	0x0	---	VE Ch1 ICADC0レジスタ設定値
ioVDC1In	0x0	---	VE Ch1 VDC0レジスタ設定値
ioID1In	0x0	---	VE Ch1 ID0レジスタ設定値
ioIQ1In	0x0	---	VE Ch1 IQ0レジスタ設定値
ioMMODEIn	0x0	---	VE共通　　MMODEレジスタ設定値
ioTADCIn	0x0	---	VE共通　　TADCレジスタ設定値
ioVCMPU0In	0x0	---	VE共通　　VCMPU0レジスタ設定値
ioVCMPV0In	0x0	---	VE共通　　VCMPV0レジスタ設定値
ioVCMPW0In	0x0	---	VE共通　　VCMPW0レジスタ設定値
ioOUTCR0In	0x1FF	---	VE共通　　OUTCR0レジスタ設定値
ioVTRGCMP00In	0x0	---	VE共通　　VTRGCMP00レジスタ設定値
ioVTRGCMP10In	0x0	---	VE共通　　VTRGCMP10レジスタ設定値
ioVTRGSEL0In	0x0	---	VE共通　　VTRGSEL0レジスタ設定値
ioEMGRS0In	0x0	---	VE共通　　EMGRS0レジスタ設定値

名　称	設定値	単　位	説　明
ioVCMPU1In	0x0	---	VE共通　VCMPU1レジスタ設定値
ioVCMPV1In	0x0	---	VE共通　VCMPV1レジスタ設定値
ioVCMPW1In	0x0	---	VE共通　VCMPW1レジスタ設定値
ioOUTCR1In	0x0	---	VE共通　OUTCR1レジスタ設定値
ioVTRGCMP01In	0x0	---	VE共通　VTRGCMP01レジスタ設定値
ioVTRGCMP11In	0x0	---	VE共通　VTRGCMP11レジスタ設定値
ioVTRGSEL1In	0x0	---	VE共通　VTRGSEL1レジスタ設定値
ioEMGRS1In	0x0	---	VE共通　EMGRS1レジスタ設定値
cADCLK_2us	0x49	---	ADC　ADCLKレジスタ設定値 ADxCLK set (convertion speed 2us)
cADMOD0_Init	0x02	---	ADC ADMOD0レジスタ設定値 ADC　REF　ON

〈表7-13〉関数一覧

ファイル名	モジュール(関数名)	機能説明
main.c	Main	VEソフト・メイン処理
	main_loop	初期化後のメイン制御ループ処理
	B_User_Control	始動処理(回転速度, 始動d/q軸電流設定)
	C_TOG_SW_Input	スイッチ
	C_Control_Ref_Model	モータ状態移行処理
	C_Common	共通処理
	C_Stage_Stop	モータ停止／ゼロ電流検出処理
	C_Stage_Emergency	緊急状態処理
	C_Stage_Initposition	モータ位置決め処理
	C_Stage_Force	モータ強制転流処理
	C_Stage_Steady_A	モータ駆動定常処理
	C_command_limit_sub	指令制限チェック処理
initial.c	B_User_Initialize	ユーザ初期設定(変調方式, エンコーダの使用など)
	init_PORT	ポート初期化処理
	GEAR_TOP	最高(コア処理)クロック(80MHz)設定処理
	GEAR_DIV	ノーマル(コア処理)クロック(40MHz)設定処理
	init_WDTen	WDT有効化設定処理
	init_WDTdis	WDT無効化設定処理
	init_WDTclr	WDTカウンタ・クリア処理
	init_ENC0en	エンコーダ0の初期設定処理
	init_ADCen	A-Dコンバータ初期化処理
	VE_Initialize	VE初期化処理(レジスタ設定のみ)
interrupt.c	INTPMD0	PMD0の割り込み処理
	INTEMG0	PMD0の緊急割り込み処理
	INTAD0	ADC0のトリガ割り込み処理
	INTENC	エンコーダ割り込み処理
	INTVCA	VE割り込み処理
m370_int.c	API_INT_Init	M370割り込み初期化処理
	API_INT_claer_Init	すべての割り込み要因をクリアする
	API_CG_Active_Set	クロック生成器の割り込みレベルを設定する
	API_CG_Active_Reset	クロック生成器の割り込みレベルをリセットする

ファイル名	モジュール(関数名)	機能説明
m370_int.c	API_INT_CER_All_Set	すべての割り込みを無効化する
	API_INT_CER_Set	指定される割り込みを無効化する
	API_INT_PR_Set	指定される割り込みのレベルを設定する
	API_INT_PR_Reset	すべての割り込みレベルをリセットする
	API_INT_SPR_ALL_Set	すべての処理待ち割り込みをクリアする
	API_INT_SPR_Set	保留中の割り込みをクリアする
	API_INT_SER_Set	指定される割り込みを有効にする
system_int.c	NMI_Handler	NMIハンドラ
	HardFault_Handler	Hardフォルト・ハンドラ
	MemManage_Handler	MPUフォルト・ハンドラ
	BusFault_Handler	Busフォルト・ハンドラ
	UsageFault_Handler	Usageフォルト・ハンドラ
	SVC_Handler	SVCall　ハンドラ
	DebugMon_Handler	デバッグ・モンニタ・ハンドラ
	PendSV_Handler	PendSV　ハンドラ
	SysTick_Handler	SysTick　ハンドラ
	INT0_Handler	割り込みハンドラ(PH0/96pin)
	INT1_Handler	割り込みハンドラ(PH1/95pin)
	INT2_Handler	割り込みハンドラ(PH2/94pin)
	INT3_Handler	割り込みハンドラ(PA0/2pin)
	INT4_Handler	割り込みハンドラ(PA2/4pin)
	INT5_Handler	割り込みハンドラ(PE4/15pin)
	INTRX0_Handler	割り込みハンドラ(シリアル受信-Ch0)
	INTTX0_Handler	割り込みハンドラ(シリアル送信-Ch0)
	INTRX1_Handler	割り込みハンドラ(シリアル受信-Ch1)
	INTTX1_Handler	割り込みハンドラ(シリアル送信-Ch1)
	INTVCNA_Handler	割り込みハンドラ(ベクトル・エンジンA)
	INTVCNB_Handler	割り込みハンドラ(ベクトル・エンジンB)
	INTEMG0_Handler	割り込みハンドラ(PMD0緊急停止処理)
	INTEMG1_Handler	割り込みハンドラ(PMD1緊急停止処理)
	INTOVV0_Handler	割り込みハンドラ(PMD0電圧超過処理)
	INTOVV1_Handler	割り込みハンドラ(PMD1電圧超過処理)
	INTAD0PDA_Handler	割り込みハンドラ(PMD0トリガによるADC0変換完了処理)
	INTAD1PDA_Handler	割り込みハンドラ(PMD0トリガによるADC1変換完了処理)
	INTAD0PDB_Handler	割り込みハンドラ(PMD1トリガによるADC0変換完了処理)
	INTAD1PDB_Handler	割り込みハンドラ(PMD1トリガによるADC1変換完了処理)
	INTTB00_Handler	割り込みハンドラ(16ビット　TMRB0　マッチ検出0処理)
	INTTB01_Handler	割り込みハンドラ(16ビット　TMRB0　マッチ検出1処理)
	INTTB10_Handler	割り込みハンドラ(16ビット　TMRB1　マッチ検出0処理)
	INTTB11_Handler	割り込みハンドラ(16ビット　TMRB1　マッチ検出1処理)
	INTTB40_Handler	割り込みハンドラ(16ビット　TMRB4　マッチ検出0処理)
	INTTB41_Handler	割り込みハンドラ(16ビット　TMRB4　マッチ検出1処理)
	INTTB50_Handler	割り込みハンドラ(16ビット　TMRB5　マッチ検出0処理)
	INTTB51_Handler	割り込みハンドラ(16ビット　TMRB5　マッチ検出1処理)
	INTPMD0_Handler	割り込みハンドラ(PMD0　PWM割り込み)
	INTPMD1_Handler	割り込みハンドラ(PMD1　PWM割り込み)
	INTCAP00_Handler	割り込みハンドラ(16ビット　TMRB0　入力キャプチャ0)

ファイル名	モジュール(関数名)	機能説明
system_int.c	INTCAP01_Handler	割り込みハンドラ(16ビット　　TMRB0　入力キャプチャ1)
	INTCAP10_Handler	割り込みハンドラ(16ビット　　TMRB1　入力キャプチャ0)
	INTCAP11_Handler	割り込みハンドラ(16ビット　　TMRB1　入力キャプチャ1)
	INTCAP40_Handler	割り込みハンドラ(16ビット　　TMRB4　入力キャプチャ0)
	INTCAP41_Handler	割り込みハンドラ(16ビット　　TMRB4　入力キャプチャ1)
	INTCAP50_Handler	割り込みハンドラ(16ビット　　TMRB5　入力キャプチャ0)
	INTCAP51_Handler	割り込みハンドラ(16ビット　　TMRB5　入力キャプチャ1)
	INT6_Handler	割り込みハンドラ(PE6/17pin)
	INT7_Handler	割り込みハンドラ(PE7/18pin)
	INTRX2_Handler	割り込みハンドラ(シリアル受信-Ch2)
	INTTX2_Handler	割り込みハンドラ(シリアル送信-Ch2)
	INTAD0CPA_Handler	割り込みハンドラ(ADC0　モニタA)
	INTAD1CPA_Handler	割り込みハンドラ(ADC1　モニタA)
	INTAD0CPB_Handler	割り込みハンドラ(ADC0　モニタB)
	INTAD1CPB_Handler	割り込みハンドラ(ADC1　モニタB)
	INTTB20_Handler	割り込みハンドラ(16ビット　　TMRB2　マッチ検出0処理)
	INTTB21_Handler	割り込みハンドラ(16ビット　　TMRB2　マッチ検出1処理)
	INTTB30_Handler	割り込みハンドラ(16ビット　　TMRB3　マッチ検出0処理)
	INTTB31_Handler	割り込みハンドラ(16ビット　　TMRB3　マッチ検出1処理)
	INTCAP20_Handler	割り込みハンドラ(16ビット　　TMRB2　入力キャプチャ0)
	INTCAP21_Handler	割り込みハンドラ(16ビット　　TMRB2　入力キャプチャ1)
	INTCAP30_Handler	割り込みハンドラ(16ビット　　TMRB3　入力キャプチャ0)
	INTCAP31_Handler	割り込みハンドラ(16ビット　　TMRB3　入力キャプチャ1)
	INTAD0SFT_Handler	割り込みハンドラ(PMD0ソフト・スタートによるADC0変換完了処理)
	INTAD1SFT_Handler	割り込みハンドラ(PMD0ソフト・スタートによるADC1変換完了処理)
	INTAD0TMR_Handler	割り込みハンドラ(PMD1タイマ・スタートによるADC0変換完了処理)
	INTAD1TMR_Handler	割り込みハンドラ(PMD1タイマ・スタートによるADC1変換完了処理)
	INT8_Handler	割り込みハンドラ(PA7/9pin)
	INT9_Handler	割り込みハンドラ(PD3/33pin)
	INTA_Handler	割り込みハンドラ(FTEST2/21pin)
	INTB_Handler	割り込みハンドラ(FTEST3/20pin)
	INTENC0_Handler	割り込みハンドラ(エンコーダ・タイマ0)
	INTENC1_Handler	割り込みハンドラ(エンコーダ・タイマ1)
	INTRX3_Handler	割り込みハンドラ(シリアル受信-Ch3)
	INTTX3_Handler	割り込みハンドラ(シリアル送信-Ch3)
	INTTB60_Handler	割り込みハンドラ(16ビット　　TMRB6　マッチ検出0処理)
	INTTB61_Handler	割り込みハンドラ(16ビット　　TMRB6　マッチ検出1処理)
	INTTB70_Handler	割り込みハンドラ(16ビット　　TMRB7　マッチ検出0処理)
	INTTB71_Handler	割り込みハンドラ(16ビット　　TMRB7　マッチ検出1処理)
	INTCAP60_Handler	割り込みハンドラ(16ビット　　TMRB6　入力キャプチャ0)
	INTCAP61_Handler	割り込みハンドラ(16ビット　　TMRB6　入力キャプチャ1)
	INTCAP70_Handler	割り込みハンドラ(16ビット　　TMRB7　入力キャプチャ0)
	INTCAP71_Handler	割り込みハンドラ(16ビット　　TMRB7　入力キャプチャ1)
	INTC_Handler	割り込みハンドラ(PJ6/74pin)
	INTD_Handler	割り込みハンドラ(PJ7/73pin)
	INTE_Handler	割り込みハンドラ(PK0/72pin)
	INTF_Handler	割り込みハンドラ(PK1/71pin)

ファイル名	モジュール（関数名）	機能説明
vector.c	__iar_program_start（宣言）	IARライブラリにあるプログラム・スタート・ルーチン
	NMI_Handler（宣言）	NMIハンドラ
	HardFault_Handler（宣言）	Hardフォルト・ハンドラ
	MemManage_Handler（宣言）	MPUフォルト・ハンドラ
	BusFault_Handler（宣言）	Busフォルト・ハンドラ
	UsageFault_Handler（宣言）	Usageフォルト・ハンドラ
	SVC_Handler（宣言）	SVCall　ハンドラ
	DebugMon_Handler（宣言）	デバッグ・モンニタ・ハンドラ
	PendSV_Handler（宣言）	PendSV　ハンドラ
	SysTick_Handler（宣言）	SysTick　ハンドラ
	INT0_Handler（宣言）	割り込みハンドラ（PH0/96pin）
	INT1_Handler（宣言）	割り込みハンドラ（PH1/95pin）
	INT2_Handler（宣言）	割り込みハンドラ（PH2/94pin）
	INT3_Handler（宣言）	割り込みハンドラ（PA0/2pin）
	INT4_Handler（宣言）	割り込みハンドラ（PA2/4pin）
	INT5_Handler（宣言）	割り込みハンドラ（PE4/15pin）
	INTRX0_Handler（宣言）	割り込みハンドラ（シリアル受信-Ch0）
	INTTX0_Handler（宣言）	割り込みハンドラ（シリアル送信-Ch0）
	INTRX1_Handler（宣言）	割り込みハンドラ（シリアル受信-Ch1）
	INTTX1_Handler（宣言）	割り込みハンドラ（シリアル送信-Ch1）
	INTVCNA_Handler（宣言）	割り込みハンドラ（ベクトル・エンジンA）
	INTVCNB_Handler（宣言）	割り込みハンドラ（ベクトル・エンジンB）
	INTEMG0_Handler（宣言）	割り込みハンドラ（PMD0緊急停止処理）
	INTEMG1_Handler（宣言）	割り込みハンドラ（PMD1緊急停止処理）
	INTOVV0_Handler（宣言）	割り込みハンドラ（PMD0電圧超過処理）
	INTOVV1_Handler（宣言）	割り込みハンドラ（PMD1電圧超過処理）
	INTAD0PDA_Handler（宣言）	割り込みハンドラ（PMD0トリガによるADC0変換完了処理）
	INTAD1PDA_Handler（宣言）	割り込みハンドラ（PMD0トリガによるADC1変換完了処理）
	INTAD0PDB_Handler（宣言）	割り込みハンドラ（PMD1トリガによるADC0変換完了処理）
	INTAD1PDB_Handler（宣言）	割り込みハンドラ（PMD1トリガによるADC1変換完了処理）
	INTTB00_Handler（宣言）	割り込みハンドラ（16ビット　　TMRB0　マッチ検出0処理）
	INTTB01_Handler（宣言）	割り込みハンドラ（16ビット　　TMRB0　マッチ検出1処理）
	INTTB10_Handler（宣言）	割り込みハンドラ（16ビット　　TMRB1　マッチ検出0処理）
	INTTB11_Handler（宣言）	割り込みハンドラ（16ビット　　TMRB1　マッチ検出1処理）
	INTTB40_Handler（宣言）	割り込みハンドラ（16ビット　　TMRB4　マッチ検出0処理）
	INTTB41_Handler（宣言）	割り込みハンドラ（16ビット　　TMRB4　マッチ検出1処理）
	INTTB50_Handler（宣言）	割り込みハンドラ（16ビット　　TMRB5　マッチ検出0処理）
	INTTB51_Handler（宣言）	割り込みハンドラ（16ビット　　TMRB5　マッチ検出1処理）
	INTPMD0_Handler（宣言）	割り込みハンドラ（PMD0　　PWM割り込み）
	INTPMD1_Handler（宣言）	割り込みハンドラ（PMD1　　PWM割り込み）
	INTCAP00_Handler（宣言）	割り込みハンドラ（16ビット　　TMRB0　入力キャプチャ0）
	INTCAP01_Handler（宣言）	割り込みハンドラ（16ビット　　TMRB0　入力キャプチャ1）
	INTCAP10_Handler（宣言）	割り込みハンドラ（16ビット　　TMRB1　入力キャプチャ0）
	INTCAP11_Handler（宣言）	割り込みハンドラ（16ビット　　TMRB1　入力キャプチャ1）
	INTCAP40_Handler（宣言）	割り込みハンドラ（16ビット　　TMRB4　入力キャプチャ0）
	INTCAP41_Handler（宣言）	割り込みハンドラ（16ビット　　TMRB4　入力キャプチャ1）
	INTCAP50_Handler（宣言）	割り込みハンドラ（16ビット　　TMRB5　入力キャプチャ0）

ファイル名	モジュール(関数名)	機能説明
vector.c	INTCAP51_Handler(宣言)	割り込みハンドラ(16ビット　　TMRB5　　入力キャプチャ1)
	INT6_Handler(宣言)	割り込みハンドラ(PE6/17pin)
	INT7_Handler(宣言)	割り込みハンドラ(PE7/18pin)
	INTRX2_Handler(宣言)	割り込みハンドラ(シリアル受信-Ch2)
	INTTX2_Handler(宣言)	割り込みハンドラ(シリアル送信-Ch2)
	INTAD0CPA_Handler(宣言)	割り込みハンドラ(ADC0　　モニタA)
	INTAD1CPA_Handler(宣言)	割り込みハンドラ(ADC1　　モニタA)
	INTAD0CPB_Handler(宣言)	割り込みハンドラ(ADC0　　モニタB)
	INTAD1CPB_Handler(宣言)	割り込みハンドラ(ADC1　　モニタB)
	INTTB20_Handler(宣言)	割り込みハンドラ(16ビット　　TMRB2　　マッチ検出0処理)
	INTTB21_Handler(宣言)	割り込みハンドラ(16ビット　　TMRB2　　マッチ検出1処理)
	INTTB30_Handler(宣言)	割り込みハンドラ(16ビット　　TMRB3　　マッチ検出0処理)
	INTTB31_Handler(宣言)	割り込みハンドラ(16ビット　　TMRB3　　マッチ検出1処理)
	INTCAP20_Handler(宣言)	割り込みハンドラ(16ビット　　TMRB2　　入力キャプチャ0)
	INTCAP21_Handler(宣言)	割り込みハンドラ(16ビット　　TMRB2　　入力キャプチャ1)
	INTCAP30_Handler(宣言)	割り込みハンドラ(16ビット　　TMRB3　　入力キャプチャ0)
	INTCAP31_Handler(宣言)	割り込みハンドラ(16ビット　　TMRB3　　入力キャプチャ1)
	INTAD0SFT_Handler(宣言)	割り込みハンドラ(PMD0ソフト・スタートによるADC0変換完了処理)
	INTAD1SFT_Handler(宣言)	割り込みハンドラ(PMD0ソフト・スタートによるADC1変換完了処理)
	INTAD0TMR_Handler(宣言)	割り込みハンドラ(PMD1タイマ・スタートによるADC0変換完了処理)
	INTAD1TMR_Handler(宣言)	割り込みハンドラ(PMD1タイマ・スタートによるADC1変換完了処理)
	INT8_Handler(宣言)	割り込みハンドラ(PA7/9pin)
	INT9_Handler(宣言)	割り込みハンドラ(PD3/33pin)
	INTA_Handler(宣言)	割り込みハンドラ(FTEST2/21pin)
	INTB_Handler(宣言)	割り込みハンドラ(FTEST3/20pin)
	INTENC0_Handler(宣言)	割り込みハンドラ(エンコーダ・タイマ0)
	INTENC1_Handler(宣言)	割り込みハンドラ(エンコーダ・タイマ1)
	INTRX3_Handler(宣言)	割り込みハンドラ(シリアル受信-Ch3)
	INTTX3_Handler(宣言)	割り込みハンドラ(シリアル送信-Ch3)
	INTTB60_Handler(宣言)	割り込みハンドラ(16ビット　　TMRB6　　マッチ検出0処理)
	INTTB61_Handler(宣言)	割り込みハンドラ(16ビット　　TMRB6　　マッチ検出1処理)
	INTTB70_Handler(宣言)	割り込みハンドラ(16ビット　　TMRB7　　マッチ検出0処理)
	INTTB71_Handler(宣言)	割り込みハンドラ(16ビット　　TMRB7　　マッチ検出1処理)
	INTCAP60_Handler(宣言)	割り込みハンドラ(16ビット　　TMRB6　　入力キャプチャ0)
	INTCAP61_Handler(宣言)	割り込みハンドラ(16ビット　　TMRB6　　入力キャプチャ1)
	INTCAP70_Handler(宣言)	割り込みハンドラ(16ビット　　TMRB7　　入力キャプチャ0)
	INTCAP71_Handler(宣言)	割り込みハンドラ(16ビット　　TMRB7　　入力キャプチャ1)
	INTC_Handler(宣言)	割り込みハンドラ(PJ6/74pin)
	INTD_Handler(宣言)	割り込みハンドラ(PJ7/73pin)
	INTE_Handler(宣言)	割り込みハンドラ(PK0/72pin)
	INTF_Handler(宣言)	割り込みハンドラ(PK1/71pin)
D_Driver.c	H_Encoder	位相・速度処理:エンコーダによりモータの角度を算出する
	D_Control_Speed	速度制御処理:速度偏差からq軸電流指令を算出する

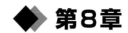

◆ 第8章

ベクトル・エンジン内蔵マイコンTMPM370を使用した

ブラシレスDCモータの ベクトル制御開発プラットフォーム

江崎 雅康

8-1 マイコン・チップだけではモータは回らない… ブラシレスDCモータのベクトル制御開発プラットフォーム基板

● ブラシレスDCモータをベクトル制御するためのプラットフォーム基板の開発

　ベクトル・エンジンを搭載したARM Cortex-M3マイコンTMPM370を使うことにより，ブラシレスDCモータのベクトル制御が比較的容易にできるようになりました．しかし，マイコン・チップとベクトル制御ソフトウェアを手にすれば，すぐにモータが回るわけではありません．

　マイコンの周辺に，FETドライバ回路，FET駆動回路，電流検出抵抗回路などを追加する必要があります．さらに，ブラシレスDCモータを用意し，モータに合わせてベクトル制御ソフトウェアのパラメータを変更する必要があります．その開発にはマイコン回路技術だけでなく，アナログ回路技術，パワー・スイッチング回路技術，それにモータについての知識も必要です．

　モータ制御回路の経験がない技術者がデータ・シート片手に独力で開発を進めると，6か月や1年はすぐに経ってしまいます．市販のユニバーサル基板の上に，手配線で回路を組み立てるのは容易ではありません．しかし試作基板を起こすと10万や20万円のお金はすぐに消えていきます．

　この開発の最初の一歩を手助けするために，開発プラットフォーム基板を作りました．これが用意されていると開発業務は大いにはかどります．試作基板を開発し，ゼロからソフトウェア開発を行うために費やされる時間とお金を節約できます．

　チップ・メーカとツール・ベンダにこの開発プラットフォーム基板の提案をして生まれたのが，**写真8-1**の「ブラシレスDCモータ用ベクトル制御開発プラットフォーム」です．

● ベクトル制御開発プラットフォームの搭載機能とブロック構成

　図8-1はブラシレスDCモータのベクトル制御開発プラットフォームのブロック構成です．この開発プラットフォームは，

▶ベクトル制御プログラムの開発を行う

▶JTAGデバッガを使って制御プログラムのC言語ソースコード・デバッグを行う

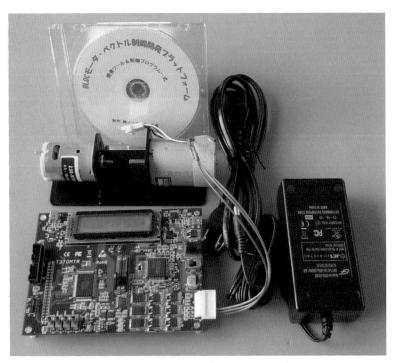

〈写真8-1〉ブラシレスDCモータ用ベクトル制御開発プラットフォーム（ESP企画，http://www.esp.jp/）

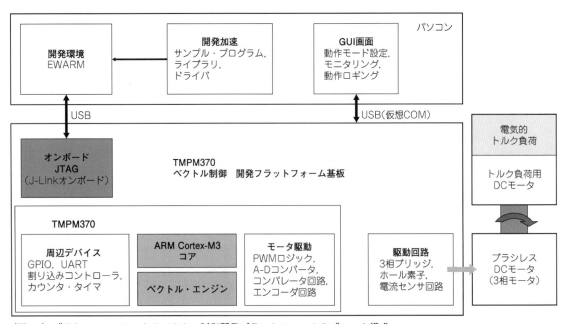

〈図8-1〉ブラシレスDCモータのベクトル制御開発プラットフォームのブロック構成

▶ブラシレスDCモータをベクトル制御プログラムによりテスト駆動する

▶ブラシレスDCモータに負荷トルクを印加する

▶USB経由で接続したパソコンのGUI画面からベクトル制御プログラムのパラメータを変更したり，
駆動動作のロギングを行う

などの機能を備えています．

　開発プラットフォームは，

パソコンGUI設定
USB接続端子

スイッチTSW1

TMPM370

液晶表示

オンボード
JTAG接続
USB端子

DCアダプタ
接続

電源スイッチ
SW2

3相ブリッジ・
ドライバ

モータ接続
端子

スイッチTSW1

LED1～3

〈写真8-2〉 ベクトル制御開発プラットフォーム基板

〈写真8-3〉
テスト駆動用のブラシレスDCモータTG-99Dと
トルク負荷印加用のDCブラシ・モータを取り
付ける

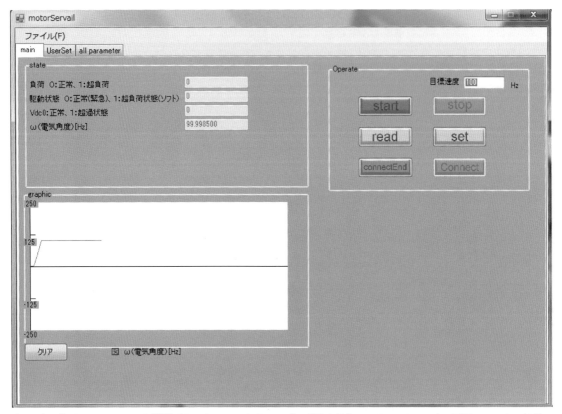

〈**図8-2**〉　**ブラシレスDCモータ開発プラットフォームのGUIプログラム①**（MotorSurvailのメイン画面．モータの起動，停止，制御パラメータの設定，読み出しを行う．またモータ駆動時は角周波数を表示する）

① ベクトル制御開発プラットフォーム基板（**写真8-2**）
② 実験用ブラシレスDCモータ，トルク負荷用DCモータおよびモータ設置台（**写真8-3**）
③ 動作モード設定およびモニタリング用のGUIプログラム（**図8-2**，**図8-3**，**図8-4**）
から構成されます．

　ベクトル制御プログラムの開発はIARシステムズ社の開発ツールEWARMで行います．メーカから提供されているサンプル・プログラムもEWARMのプロジェクト形式になっているので，パラメータを変更し，プログラムを一部変更するだけで動作させることができます．EWARM以外の開発環境でもCのソースコードは共通ですから，プロジェクトを再構成すれば開発は可能です．

　EWARMの製品版は50万円ほどしますが，メーカ提供のベクトル制御プログラムは無償で提供されている評価版（32Kバイト・コードサイズ制限版）でコンパイルすることができました．

　EWARMで開発したプログラムのソースコード・デバッグにはIARシステムズ社のJTAGデバッガJ-Linkが必要です．価格は4万円ほどします．

　写真8-2の開発プラットフォーム基板にはオンボードJTAGチップAT91SAM7S64（Atmel社，ライセンス品）を搭載しました．基板上のミニUSBコネクタ（J6）と開発用のパソコンをUSBケーブルで接続するだけで，J-Linkと同等のデバッグ環境が実現します．オンボードJTAG機能を無効にするジャンパ

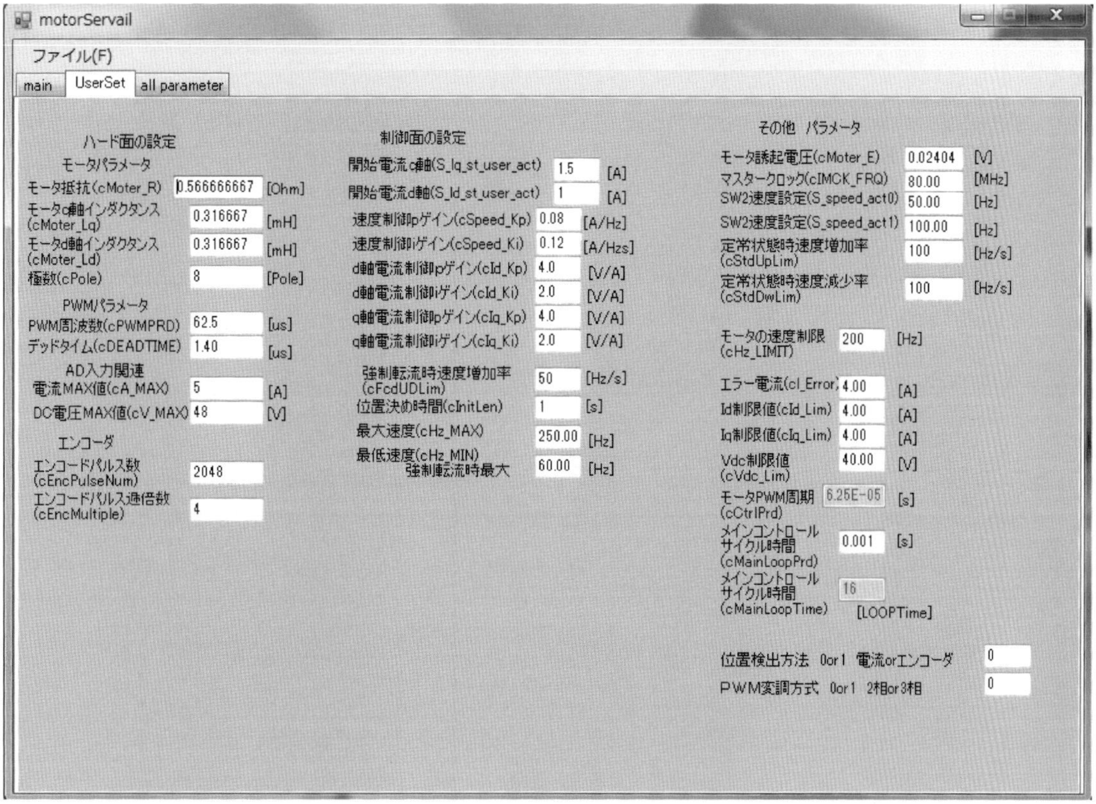

〈図8-3〉ブラシレスDCモータ開発プラットフォームのGUIプログラム②（MotorSurvailのパラメータ設定画面(1)．モータの特性および駆動使用に合わせて設定変更を行うことが多いパラメータ群）

設定により，J-Link以外のデバッガも使うことができます．

　プラットフォーム基板上のハードウェアやベクトル制御プログラムは制御対象のブラシレスDCモータに対応する必要があります．小ロットでもサンプル購入できるブラシレスDCモータは限られています．試作にはTG-99D（ツカサ電工）を入手して試運転用のモータとして使いました．

　図8-1の「トルク負荷用DCモータ」は，試運転用のブラシレスDCモータに適度な負荷をかけて，負荷特性の実験を行うためのものです．

　プラットフォーム基板と開発用のパソコンをUSBケーブルで接続して，制御パラメータの変更や駆動状態のロギングを行うためにGUIプログラムを開発しました．開発を進めてみると，処理時間の制約から割ける時間がそれほど多くないことがわかり，ロギング機能は角周波数に限定せざるを得ませんでした．

● ベクトル制御開発プラットフォーム基板の回路
　図8-5は**写真8-2**に示すベクトル制御開発プラットフォーム基板の回路図です．この基板上には
▶マイコン周辺回路およびJTAG回路
① TMPM370マイコン

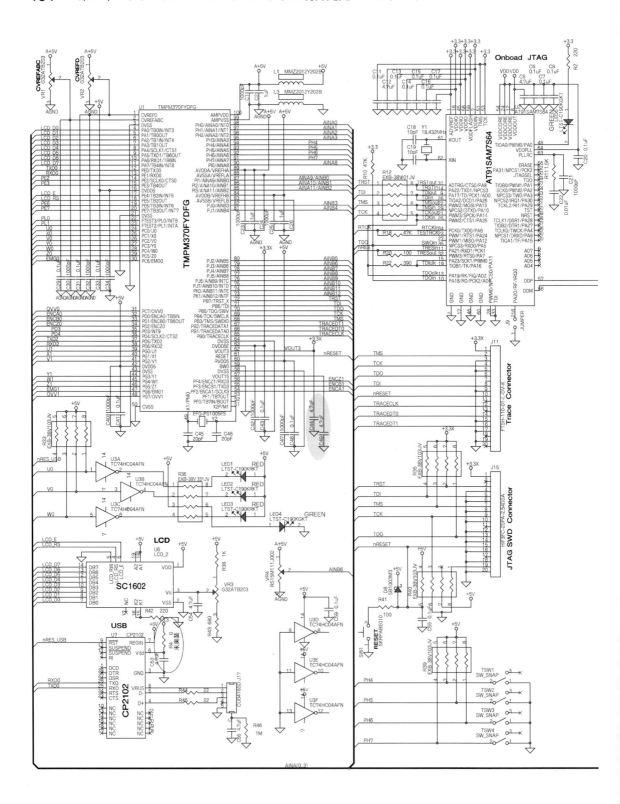

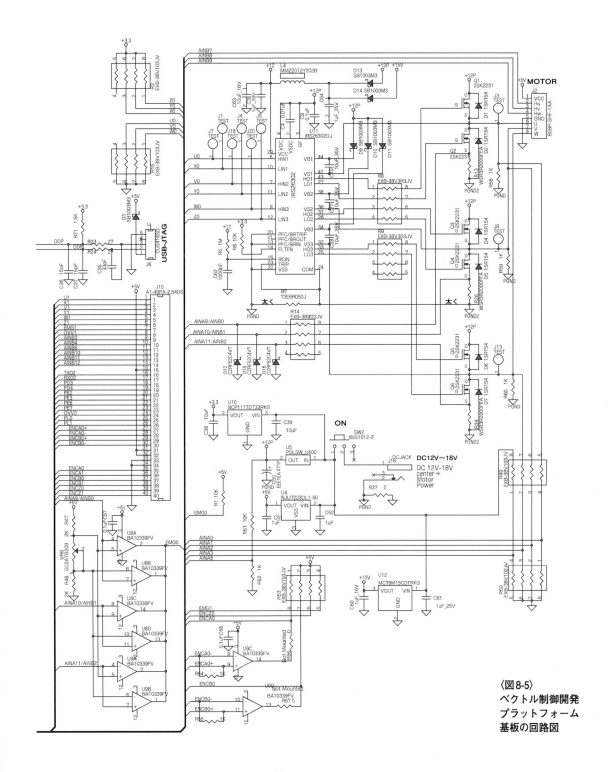

〈図8-5〉
ベクトル制御開発
プラットフォーム
基板の回路図

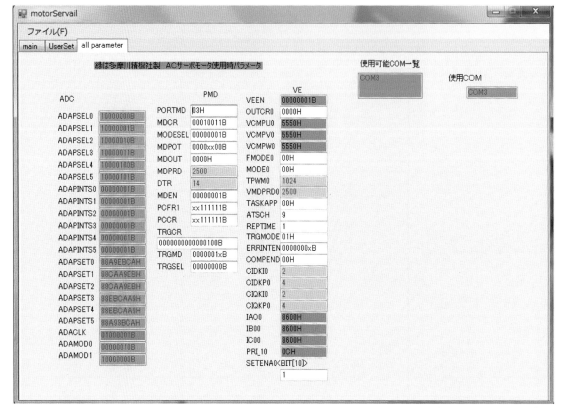

〈図8-4〉ブラシレス DC モータ開発プラットフォームの GUI プログラム③（MotorSurvail のパラメータ設定画面（2）．自動接続した仮想 COM ポート番号が右上に表示される．変更すべきでないパラメータにはマスクがかかる．

② クロックやリセットなどの周辺回路
③ 20ピン JTAG コネクタと20ピン・トレース・コネクタ
④ J-Link 互換のオンボード JTAG 回路
▶ブラシレス DC モータ駆動回路
① 3相 FET ブリッジ駆動 IC IRS26302
② 3相駆動 FET 回路
③ 3相駆動電流検出回路
④ 緊急停止用過電流検出コンパレータ回路
▶電源回路およびユーザ・インターフェース回路
① 電源回路
② キャラクタ LCD 表示回路（16文字×2行）
③ 駆動指示用スナップ・スイッチ（4回路）
④ チップ LED 表示回路
⑤ UART-USB 変換回路
を搭載しました．

8-2 マイコン周辺回路の設計

● TMPM370マイコンと周辺回路の設計

　表8-1はベクトル・エンジンを搭載したARM Cortex-M3マイコンTMPM370シリーズのラインアップです．用途に応じてパッケージおよび搭載機能が異なったデバイスがラインアップされています．

　今回開発したプラットフォーム基板に搭載したのは，TMPM370シリーズの旗艦チップであるTMPM370FYDFGです．

　図8-6はTMPM370のブロック図です．CPUはARM Cortex-M3 コアで，最高80MHzのクロックで動作します．モータ駆動回路（PMD；Programmable Motor Driver）は2回路内蔵されているので，同時に2台のモータの制御ができます．

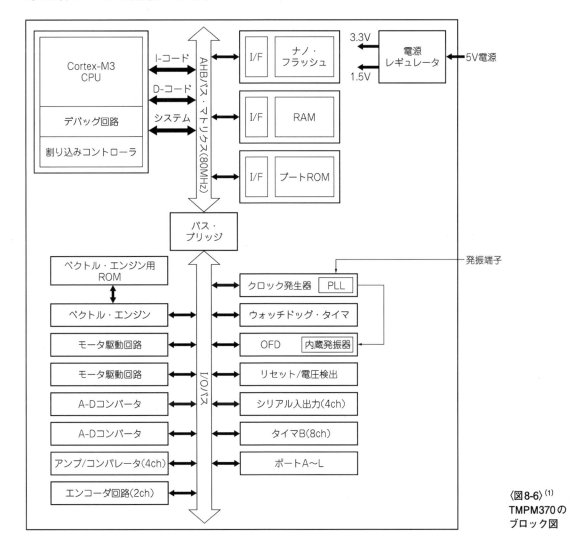

〈図8-6〉[(1)]
TMPM370の
ブロック図

〈表8-1〉[(2)]　TMPM370シリーズのラインアップ

品番	CPU	ROM サイズ (Kバイト)	RAM サイズ (Kバイト)	最大動作 周波数 (MHz)	UART/ SIO (ch)	I2C/ SIO (ch)	A-D コンバータ (12bit) (ch)	タイマ/ カウンタ (16bit) (ch)
TMPM370FYDFG/FYFG	ARM Cortex M3	256	10	80	4	—	22	8
TMPM372FWUG	ARM Cortex M3	128	6	80	4	—	11	8
TMPM373FWDUG	ARM Cortex M3	128	6	80	3	—	7	8
TMPM374FWUG	ARM Cortex M3	128	6	80	3	—	6	8
TMPM375FSDMG	ARM Cortex M3	64	4	80	2	1	4	4
TMPM376FDDFG/FDFG	ARM Cortex M3	512	32	80	4	1	22	8

　組み込みマイクロプロセッサの低電圧化が進んでいますが，TMPM370は5V単電源で動作します．制御機器分野の現状に合った仕様で，アナログ入力電圧範囲も0～5Vです．チップ内部に3.3Vと1.5Vのレギュレータを内蔵しています．**図8-5**の回路図のC44，C49はその出力安定用コンデンサです．

　TMPM370の63番ピンDVDD5Eピンは，最新のデータシートでは，「入出力とデバッグの兼用ポート（PBx）へ電源を供給する端子です．RVDD5（60番ピン）と同じ電源に接続してください」と記載されています．しかし，プラットフォーム基板を開発した時点の暫定データシートでは，「入出力とデバッグの兼用ポート（PBx）へ電源を供給する端子，5Vもしくは3.3V（VOUT3）を接続」とされていました．

　プラットフォーム基板上のオンボードJTAGチップは3.3V仕様のため，**図8-5**のようにVOUT3端子から3.3Vを供給しています（IARシステムズ社の開発キットTMPM370-SKは現在でもJTAGインターフェース電圧を切り替えるジャンパが存在するので，これは裏仕様かもしれない）．

　クロックは10MHzのセラミック発振子EFO-PS1005E5を使いましたが，通常の10MHz水晶振動子でもかまいません．TMPM370はこの発振周波数を内蔵のPLL回路で最高80MHzまで逓倍してシステム・クロックとしています．

　リセット回路は抵抗R40（10kΩ）とC55（0.1μF）による簡単なRC時定数回路です．ARMマイクロプロセッサのJTAGデバッガは，デバッガからリセット信号を出す場合もあるので，専用のリセットICを使う場合は，オープン・コレクタ出力のデバイスを使う必要があります．

　CVREFABC，CVREFDはコンパレータA/B/C，コンパレータD用の基準電圧供給用の端子で，可変抵抗を入れています．

● **TMPM370マイコンのメモリ・マップ**

　図8-7はTMPM370のメモリ・マップです．通常はシングル・ブート・モードで動作します．シングル・ブート・モードはSIO（Serial I/O）からフラッシュROMにプログラムを書き込むモードですが，プラットフォーム基板はオンボードJTAG機能を標準で備えているので，使うことはありません．

　ユーザが使えるのは，

- 内蔵ROM　　　　　　　256Kバイト
- 内蔵RAM　　　　　　　10Kバイト
- 内蔵I/O

ベクトル・エンジン(VE)	三相PWM出力(ch)	インクリメンタル型エンコーダ入力(ch)	外部割り込み端子数(本)	I/Oポート数(本)	電源電圧(min)(V)	電源電圧(max)(V)	動作温度(min)(℃)	動作温度(max)(℃)	パッケージ	ピン数
あり	2	2	16	76	4.5	5.5	-40	85	QFP100-P-1420-0.65Q (FYDFG) LQFP100-P-1414-0.50H (FYFG)	100
あり	1	1	10	53	4.5	5.5	-40	85	LQFP64-P-1010-0.50E	64
あり	1	1	8	37	4.5	5.5	-40	85	LQFP48-P-0707-0.50C	48
あり	1	1	7	33	4.5	5.5	-40	85	LQFP44-P-1010-0.80A	44
あり	1	1	3	21	4.5	5.5	-40	85	P-SSOP30	30
あり	2	2	16	82	4.5	5.5	-40	85	QFP100-P-1420-0.65Q (FDDFG) LQFP100-P-1414-0.50H (FDFG)	100

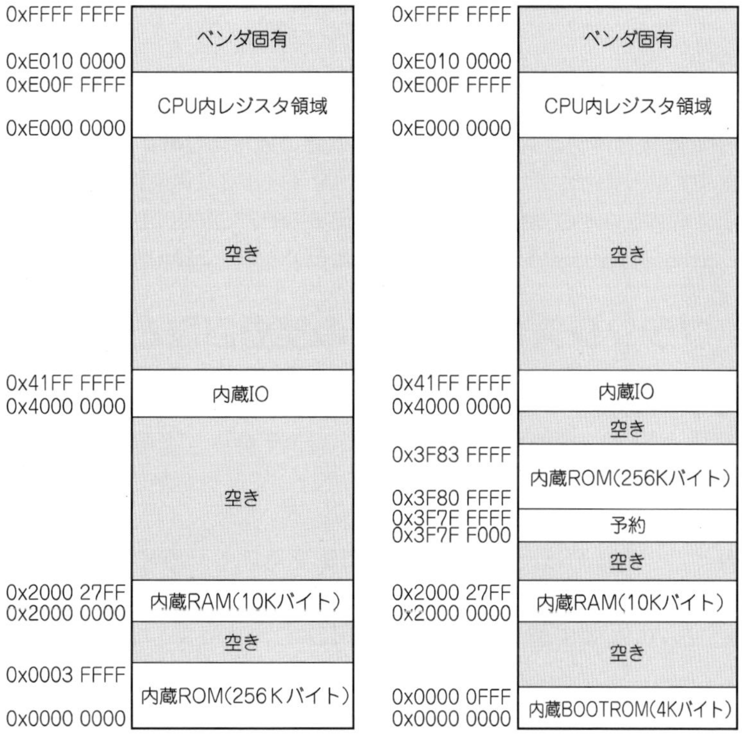

(a) シングル・チップ・モード　(b) シングル・ブート・モード

〈図8-7〉[1] TMPM370のメモリ・マップ

• CPU内レジスタ領域

だけです.

● TMPM370マイコンのJTAGデバッグ回路

　ARM系マイコンのJTAGデバッグ用コネクタは規格で次の3仕様が定められています.

① 20ピン・ボックス・ヘッダ（JTAG＋SWDデバッグ・インターフェース）

② 20ピン・トレース・コネクタ（トレースができる2mmピッチのコネクタ）

③ 10ピンSWDコネクタ（シングル・ワイヤ・デバッグ・インターフェース）

　プラットフォーム基板には，20ピン・ボックス・ヘッダおよびトレース・コネクタを実装しました.そして開発用のテスト・ベンチという性格を考慮して，オンボードJTAGチップを搭載しました.**図8-5**の回路で，U2（AT91SAM7S64）および周辺の回路がこれに該当します.

　この回路は**写真8-2**では，液晶モジュールの後ろに隠れて見えません.さらに，この回路はIARシステムズ社のJ-Linkと同等の機能をもっています.残念ながら，IARシステムズ社の開発ツールEWARMでしか使えません.他社の開発ツールを使う場合は，回路図上のジャンパJ9をショートさせるとこのオンボードJTAGが無効になるので，この状態で20ピンJTAGヘッダにそれぞれのデバッガを挿入して使います.

　プラットフォーム基板のミニUSBコネクタJ6とパソコンをUSBケーブルで接続すると，オンボードJTAG回路の働きで，開発プログラムのC言語ソースコード・デバッグと内蔵フラッシュROMの書き込みができます.

● プラットフォーム基板とパソコンのGUIプログラムとの通信はUART経由で

　TMPM370のシリアル・チャネル(SIO)のチャネル0をモード2（UART 8ビット・モード）に設定してパソコン上のGUIプログラムとの通信に使います.**図8-5**のU7（CP2102）周辺回路がこれに該当します.

　TMPM370のUART信号をUSB信号に変換し，仮想COMポート経由でパソコンと通信を行います.

8-3 ブラシレスDCモータの駆動回路と電源回路設計

● ブラシレスDCモータの3相ブリッジ駆動回路はIRS26302とパワー MOSFET 2SK2231で構成

　ブラシレスDCモータの駆動回路はFETもしくはIGBTで構成します.**図8-5**の回路はパワー MOSFET 2SK2231で構成しています.ベクトル制御の場合は，正弦波駆動を行うため高速のPWM駆動が必要になります.

　PWM制御の繰り返し周波数は，騒音となる可聴域を避けるため16kHz以上を使います.パワー MOS FETの駆動はTMPM370の出力信号による直接駆動はできません.FETのゲートは電圧をかけるだけで電流は流れないはずですが，スイッチング時にはゲート容量（コンデンサ）に急速に充放電する必要があるからです.

　パワー MOSFET 2SK2231のゲート容量は標準で370pFあります.モータの駆動電流を高速スイッチングするためには，このピーク電流を駆動することが可能なFETドライバを使う必要があります.

　プラットフォーム基板には**図8-8**に示す3相ブリッジ・ドライバIC IRS26302（International Rectifier社）を使いました.ブラシレスDCモータの駆動は3相のブリッジ駆動回路が必要です.駆動コイルは3本ですが，ハイ・サイド，ロー・サイド合わせて6個のFETを駆動する必要があります.

　Nチャネル・パワー MOSFETの駆動には，ゲート-ソース間電圧が10V程度必要です.ロー・サイドの駆動はTMPM370の出力信号(0V ～ 5V)を0 ～ 10Vに変換するだけで十分です.ところが，ハイ・

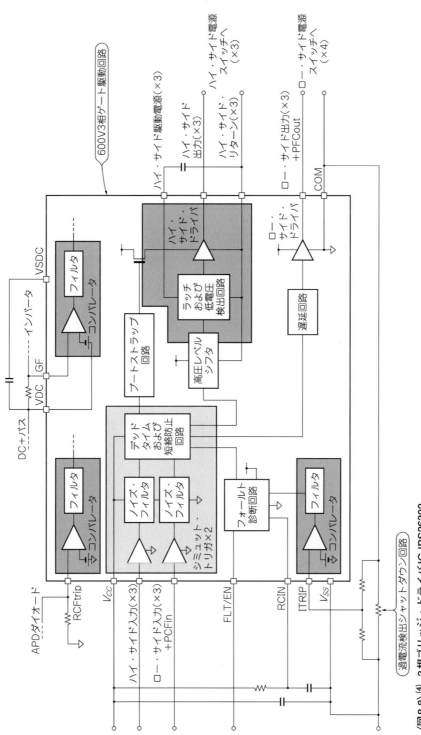

〈図8-8〉[4] 3相ブリッジ・ドライバIC IRS26302

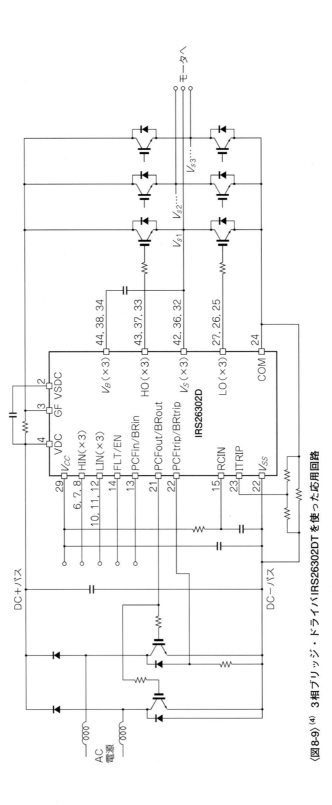

〈図8-9〉⁽⁴⁾ 3相ブリッジ・ドライバIRS26302DTを使った応用回路

サイドの駆動は，マイコンの出力信号を，

電源電圧(12V) + 10V = 22V

に変換する必要があります．

　IRS26302は，このICだけで3相分のハイ・サイドとロー・サイドの駆動を行うことができます．

　ハイ・サイドも標準200mAの駆動能力があります．モータの駆動電源電圧は600Vまで可能です．このICは，商用電源を使ったインバータ回路用に開発されたICです．

　図8-9はメーカのデータシートに掲載されている応用回路例ですが，駆動素子はIGBTが使われています．

　このICのハイ・サイド駆動電圧を作る回路には少し工夫があります．**図8-5**の回路で，電源投入直後はモータの駆動電源(+12V)からパワー・ショットキ・ダイオードD9，D10，D11経由で+12Vがハイ・サイド電源端子(VB1，VB2，VB3)に供給されます．

　モータのPWM駆動が始まると，コンデンサC10，C27，C28によるチャージ・ポンプ回路によりハイ・サイド電源端子に

駆動電源電圧(+12V) + 12V

の電圧が発生します．

　この駆動電圧のおかげで，パワーMOS FETを完全飽和状態でスイッチングすることができます．IRS26302には負荷電流保護回路も付いていますが，TMPM370の電流制御機能との競合を避けるために使っていません．モータの各相の電流検出は0.2Ωの抵抗 WSR3R2000FEA で行っています．

● **プラットフォーム基板の電源回路**

　図8-10はプラットフォーム基板の電源回路です．モータ駆動電源の12Vから+5Vと+3.3Vを作って，

　+5V　　　　　　　　　TMPM370制御系

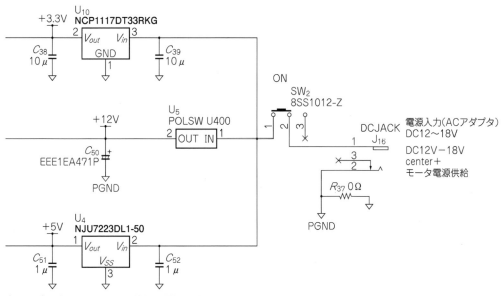

〈図8-10〉プラットフォーム基板の電源回路

　＋3.3V　　　　　　　オンボードJTAG回路

に供給しています.

　モータの駆動回路にはポリスイッチU400を介して，そのまま供給しています. ポリスイッチはモータの過電流により，回路が破損するのを防ぐために入れています.

8-4 ブラシレスDCモータの選定と特性

● ブラシレスDCモータはTG-99D（ツカサ電工）を採用

　モータの選定には苦労しました. インバータ・エアコンやドラム型洗濯機には多くのブラシレスDCモータが使われていますが，一般向けに小売りはされていません. 1個単位で購入可能なブラシレスDCモータは工場の生産ラインなどに使われる産業用途向けがほとんどで，その多くは駆動基板とセットで販売されています. また駆動電圧も商用電源の100V，220Vを整流した140V～300Vのものがほとんどです.

　モータ制御の経験がない方が試作システムでベクトル制御を試すには，感電の恐れのない48V以下で駆動するのが望ましいと考えました. また駆動制御を誤っても大惨事にはなりにくい程度の電力仕様のもので，継続的に入手可能なものと，絞り込んでいきました. そして，**写真8-4**のTG-99D（ツカサ電工製）を使うことにしました.

　図8-11はモータの外形図，**表8-2**は特性表，**図8-12**は特性グラフです. 24V駆動のモータですが，電源（ACアダプタ）の都合で，12Vで使うことにしました.

　図8-13はTG-99Dの内部結線図です. センサレス駆動のために必要な配線は，

　　コイルa　　　5番ピン
　　コイルb　　　7番ピン
　　コイルc　　　3番ピン

〈写真8-4〉
ブラシレスDCモータTG-99D
（ツカサ電工）

〈表8-2〉[(5)]　ブラシレスDCモータTG-99D（ツカサ電工）の特性表

4圏構名	定格電圧 （V）	無負荷回転数 （r/min）	無負荷電流 （mA）	定格トルク		定格回伝敏 （r/min）	定格電流 （mA）	回施方向	質　量 （g）
				（mN·m）	（gf·cm）				
TG-990	24	3500	243	78.4	800	2810	1292	両方向	390

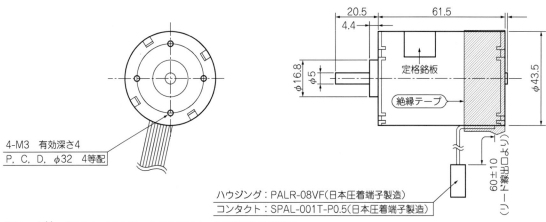

4-M3　有効深さ4
P, C, D, φ32　4等配

ハウジング：PALR-08VF（日本圧着端子製造）
コンタクト：SPAL-001T-P0.5（日本圧着端子製造）

〈図8-11〉[5]　ブラシレスDCモータTG-99D（ツカサ電工）の外形図

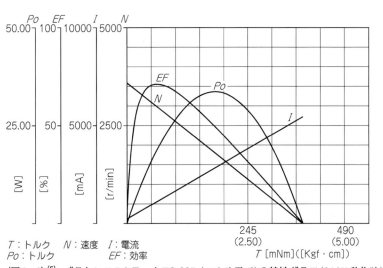

T：トルク　　N：速度　　I：電流
Po：トルク　　EF：効率

〈図8-12〉[5]　ブラシレスDCモータTG-99D（ツカサ電工）の特性グラフ（24.0V動作時）

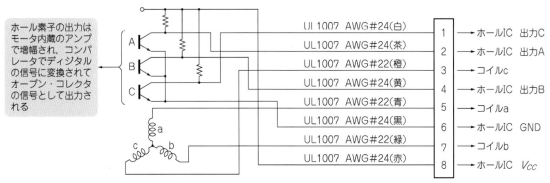

ホール素子の出力はモータ内蔵のアンプで増幅され，コンパレータでディジタルの信号に変換されてオープン・コレクタの信号として出力される

UL1007　AWG#24（白）	1	→ ホールIC　出力C
UL1007　AWG#24（茶）	2	→ ホールIC　出力A
UL1007　AWG#22（橙）	3	→ コイルc
UL1007　AWG#24（黄）	4	→ ホールIC　出力B
UL1007　AWG#22（青）	5	→ コイルa
UL1007　AWG#24（黒）	6	→ ホールIC　GND
UL1007　AWG#22（緑）	7	→ コイルb
UL1007　AWG#24（赤）	8	→ ホールIC　V_{CC}

〈図8-13〉[5]　ブラシレスDCモータTG-99Dの内部結線図

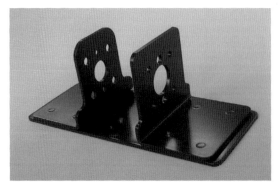

〈写真8-5〉
製作したモータ設置台
（ブラシレスDCモータTG-99Dと
トルク負荷試験用DCモータを固定できる）

の3本だけですが，ホール素子を使った実験もできるようにホール素子の電源と出力信号線も残すことにしました.

　モータを机の上に転がした状態で実験するわけにもいかないので，**写真8-5**に示すモータ設置台を製作しました．モータ自体も駆動中に発熱するので，フランジを金属のパネルに固定して放熱を図る必要があります．**写真8-5**の設置台には2枚のパネルが立っていますが，これは**写真8-3**に示したように，

▶テスト駆動用のブラシレスDCモータ　　TG-99D
▶トルク負荷印加用のDCブラシ・モータ
の2台を取り付けるためです.

　2台のモータの回転軸をスリーブで接続し，TG-99Dを回転させるともう1台のDCブラシ・モータは発電機になります．DCブラシ・モータの電源端子を開放状態にすれば，TG-99Dのトルク負荷はDCブラシ・モータの機械摩擦だけです．電源端子に適当な抵抗負荷を接続すると，トルク負荷は

　　　機械摩擦＋電流負荷

になります.

　この抵抗値を調整してDCブラシ・モータの電流を変えることにより，ブラシレスDCモータTG-99Dの負荷を調節することができます.

　2台のモータ軸を回転軸が一致するように接続するためには，ジョイントと呼ばれる治具で行う必要があります．しかし回転軸の太さに合致するジョイントを市販製品の中で見つけることができなかったので，とりあえず簡易接続用の接続パイプを用意しました.

● トルク負荷用DCモータによるトルク負荷設定

　ブラシレスDCモータのベクトル制御プラットフォーム基板を元にした教材を販売する予定です．このキットには「トルク印加用DCモータ」も付属する予定です．これはDCブラシレス・モータにトルク負荷を加えるためのDCモータです．市販のジョイント治具もしくは内径5.2Φのパイプで両モータのシャフトを接続すると，DCモータが発電機になります．DCモータの出力に適切な負荷電流を流す抵抗を接続することで，DCブラシレス・モータにトルク負荷を加えることができます.

　この教材キットは，TMPM370（東芝）を使ったブラシレスDCモータ・ベクトル制御システムの開発を支援するための開発プラットフォームです．開発の第1歩で開発担当者の試作の時間とコストを削減し，開発の効率を向上させるための材料です．当然ですが，パラメータの設定値，あるいはユーザ・サ

イドで新しく開発したプログラムを走らせる段階で，ハードウェアの損傷，破損が起こることは十分ありえます．

8-5 動作パラメータの変更とロギング機能を備えたGUIプログラムを開発

● **USB経由で接続したパソコンのGUI画面から動作モード設定およびロギングができるGUIプログラム motorSetServailを開発**

　ベクトル制御プログラムの開発は，

　　　モータのテスト駆動→プログラム修正（ソースコードおよび制御パラメータ）

を繰り返す必要があります．とくに制御対象となるモータの特性に合わせてパラメータを変更する作業が大変です．

　そこで，パラメータを変更するたびに

　　　ソース・プログラムの修正→ビルド（コンパイル＆リンク）→フラッシュ書き込み

を繰り返さないでモータのテスト駆動ができないかと考えました．**図8-2**，**図8-3**，**図8-4**は，そのために開発したGUIプログラム MotorSurvailの操作画面です．

　MotorSurvailは次の二つの機能を備えています．

①モータ制御パラメータの変更入力

　パソコンのGUI画面にモータ駆動の制御パラメータを入力してプラットフォーム基板に書き込むことにより，モータのテスト駆動を行うことができます．

②駆動中のモータの制御パラメータをロギングする機能

　駆動中のモータ制御の各パラメータをリアルタイムでロギングできれば開発に役立つと考えて，ロギング機能を付けました．このロギングはマイコンがベクトル制御を行っている空き時間に行う必要があります．現在のバージョンでは，内蔵SRAM，通信速度などの制約もあって角周波数の表示にとどまっています．

● **GUIプログラム motorSetServailの起動**

　まず，GUIプログラム MotorSurvailを次の手順で起動します．

① プラットフォーム基板の電源スイッチ（SW2）を右サイドにスライドさせて電源をOFFにする
② 基板にブラシレス・モータを接続する
③ 基板とパソコンをUSBケーブルで接続する
④ 基板上のスナップ・スイッチTSW1 〜 TSW4をすべて下に倒して，OFF状態にする
⑤ 基板にACアダプタ（12V，5A）を接続し，電源スイッチ（SW2）を左にスライドさせてONにする．
⑥ LEDランプ（LED4）が点灯し，液晶に〔w-SPEED〕が表示される
⑦ トグル・スイッチTSW1を上側に倒すとモータが回転を始めLED1 〜 LED3が点灯するが，GUIプログラム操作を行う場合は下側に倒した状態のままにする
⑧ パソコン画面上のアイコン「MotorSurvailへのショートカット」をダブル・クリックしてGUIプログラムを起動する

　MotorSurvailが起動すると，**図8-2**の画面が表示されます．パソコンのUSBドライバは仮想COMポートを探して自動接続します．

　自動接続が完了すると，「Operate」ウインドウのボタン，【start】，【read】，【set】の文字が濃く表示されます．タブ【all parameter】をクリックすると図8-3の画面が表示され，【使用COM】欄で自動接続した仮想COMポートの番号が確認できます．

● GUIプログラムmotorSetServailの操作

　図8-2の【main】画面で，スタートボタン【start】を押すと，MotorSurvailからプラットフォーム基板にモータ駆動の信号が送られ，モータが起動します．

　モータが起動すると，「state」ウィンドウに駆動状態が表示されます．また，「graphic」ウインドウに電気角度（ω）が表示されます．当初の開発計画では，ここにId，Iqなどのパラメータを選択的に表示することを目標にしていましたが，処理時間の点で無理がありました．クリアボタン【クリア】を押すと，描画グラフがクリアされます．

　「operate」ウインドウのボタンの機能は次のとおりです．

　　【start】　　　　　モータ起動
　　【stop】　　　　　モータ停止
　　【read】　　　　　プラットフォーム基板に設定された制御パラメータをMotorSurvailに読み出す
　　【write】　　　　　MotorSurvailにセットしたパラメータをプラットフォーム基板に転送する
　　【connectEnd】　　MotorSurvailとプラットフォーム基板の接続を終了
　　【connect】　　　　MotorSurvailとプラットフォーム基板を接続

　タブ【UserSet】をクリックすると図8-3の画面が表示され，タブ「all parameter」をクリックすると図8-4の画面が表示されます．この二つの画面はモータ駆動パラメータの設定画面です．

　「main」画面でモータを停止させた上で，図8-3，図8-4の画面のパラメータを変更し，【write】コマンドでパラメータを書き込むとプラットフォーム基板に設定データが転送されます．ふたたび【start】を押すと，モータは新しい設定パラメータで起動します．モータ駆動状態でパラメータの変更を行うことはできません．

　絶対に変更すべきでないパラメータにはスクリーンをかけました．スクリーンのかかっていないパラメータもすべて任意に変更できるわけではありません．意味を考えないで変更するとモータおよびプラットフォーム基板が破損する場合があります．

◆ 引用文献 ◆

(1)㈱東芝セミコンダクター社：32ビットRISCマイクロコントローラTX03シリーズTMPM370FYDFG TMPM370FYFGデータシート rev.03，2009年9月
(2)㈱東芝セミコンダクター社，東芝マイクロエレクトロニクス㈱：モータ制御用マイコンのご紹介PMD（Programmable Motor Driver），2009年10月
(3)東芝マイクロエレクトロニクス㈱：ベクトルエンジン説明資料，2009年8月19日
(4) Internasional Rectifier；IRS26302データシート
(5)ツカサ電工；ブラシレスDCモータ TG-99Dデータシート

第9章

TMPM370を使ってロボット・アームを動かそう

位置決めサーボ制御基板の開発と
ロボットへの組み込み

江崎 雅康／坂本 元

9-1 軽量化，小型化，強力パワーを実現した位置決めサーボ基板

● TMPM370はいろいろな使い方に対応可能

　TMPM370の応用例として，第8章までセンサレス駆動の例を中心に紹介してきました．メーカの応用例もエアコン，冷蔵庫，ドラム型洗濯機など，センサレス駆動とベクトル制御による省エネ効果を生かす用途が前面に出ています．しかし，このチップ自体は周辺回路と設定を変えることにより位置決め制御や定トルク制御などにも対応可能です．

　第8章で紹介した開発プラットフォームによる評価実験の結果を生かして，二足歩行ロボットを開発しているはじめ研究所が位置決めサーボ基板を開発しました．現在，**写真9-1**に示す二足歩行ロボット駆動用のサーボモータとして組み込まれ，動作しています．モータはマクソン社のエンコーダ付きブラシレスDCモータを使っています．

　産業用ロボットは床に固定されているため，サーボ制御基板の大きさや重量はそれほど問題になりません．しかし，二足歩行ロボットなどの自立型のものは，サーボ制御基板もモータも自重に組み込んで移動する必要があります．このため小さくて軽く，しかも強力なトルクが出せるモータを必要としています．市販のサーボモータやサーボアンプが使えないので，独自に開発を行ったのが**写真9-2**のサーボ制御基板です．

　この基板は，
▶センサレス駆動を行わない
▶モータ起動時は，ホール素子によってロータの初期位置を検出する
▶エンコーダによってロータの正確な位置を検出する
という特徴を備えています．

　本章では，TMPM370の用途としては少し異色な，位置決め制御用サーボ基板を紹介します．

● TMPM370を使った位置決めサーボ制御基板の仕様

　開発した位置決めサーボ制御基板は，**写真9-2**に示すように45mm×90mmの小さな基板ですが，

〈写真9-1〉モータ制御にTMPM370を使っている全長2mの「HAJIMEロボット33号」

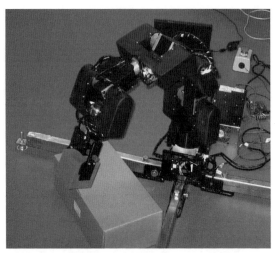

〈写真9-3〉位置決めサーボ制御基板T370POSを組み込んだロボット・アーム（腕の長さ1m長のアームを駆動する）

コマンド通信
RS485

ベクトル・エンジン
TMPM370

エンコーダ入力
差動入力

ブラシレスDCモータ
モータ接続

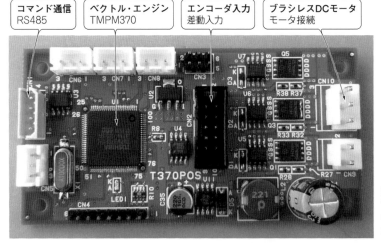

〈写真9-2〉
製作した位置決めサーボ制御基板
T370POS（ベクトル・エンジン内蔵の
TPMP370を使って軽量化，小型化，
強力パワーを実現した）

200W～500Wクラスのモータを駆動することができます．

　現在，**写真9-3**に示す，腕の長さ約1mの6軸アーム・ロボット，**写真9-1**の全長2mの「HAJIMEロボット33号」に搭載して評価中です．ベクトル制御により省エネ効果だけでなく，正弦波駆動およびトルク制御により静かで滑らかな制御が実現できました．

　図9-1は試作した位置決めサーボ制御基板T370POSの回路です．基板の小型化のためマイコンは小

型パッケージのTMPM370FYFGを使いました.

　位置決めサーボ制御の場合,モータ起動時の直流励磁および強制転流によるがたつきは許されないので,起動時のロータ位置検出はホール素子で行っています.また精密な位置決めのため,ロータ位置検出はエンコーダで行っています.

9-2 位置決めサーボ基板の設計

● サーボ基板の目標駆動能力は200W〜500W

　TMPM370より出力される3相モータ駆動信号UO0,XO0,VO0,YO0,WO0,ZO0はFET駆動IC LM5101AMXによりレベルシフトされて3相ブリッジを構成する6個のパワーMOSFETを駆動します.

　図9-2はLM5101AMX（Texas Instruments社）の内部等価回路です.このIC1個でロー・サイドとハイ・サイドのNチャネルFETを駆動することができます.ピーク駆動電流は最高3Aで,1000pFのゲート容量をもつFETを8nsで駆動する能力があります.駆動電圧は最高100Vまで可能です.

　3相コイル駆動用のスイッチング素子に,最新のパワーMOSFET BSC057N08NS3（Infineon社）を使いました.このデバイスの特性は次の通りです.

　　　ドレイン-ソース間電圧　　　　80V（max）
　　　最大ドレイン電流　　　　　　100A（V_{GS} = 10V,25℃）
　　　ドレイン-ソース間ON抵抗　　4.7mΩ
　　計算上は,
　　　80V × 100A = 8kW
のモータを駆動できます.
　　実際は電圧マージンやデバイスの放熱を考慮して目標性能は
　　　モータ駆動電源電圧　　　　　16V〜48V
　　　モータ電流　　　　　　　　　10A
としています.モータ駆動電源電圧を48V,電流を10Aとして,最高480V程度のモータ駆動を目標とします.

● 電源回路の設計

　モータ駆動電源電圧V_{DD}は16Vから48Vを想定しています.モータ駆動電源をスイッチング・レギュレータLM2594HVM-12でステップ・ダウンさせてFETドライバ用の+12Vを作っています.LDO（Low DropOut）レギュレータLD1117S50TRは,この12VからTMPM370用の+5Vを作っています.

　モータ電源が急激な負荷電流により+6V以下になる恐れがある場合は,コネクタCN1のピン3に6Vの補助電源を接続します.

● 電流検出回路および電源電圧監視入力

　3相コイルの電流を0.033Ωの抵抗RL7520WT-R033で検出します.TMPM370は増幅用のOPアンプを内蔵しています.電流検出電圧は,レベルシフト用の抵抗回路を経てA-D変換入力端子に,

▶ AINA9　　　　　U相電流
▶ AINA10　　　　V相電流
▶ AINA11　　　　W相電流

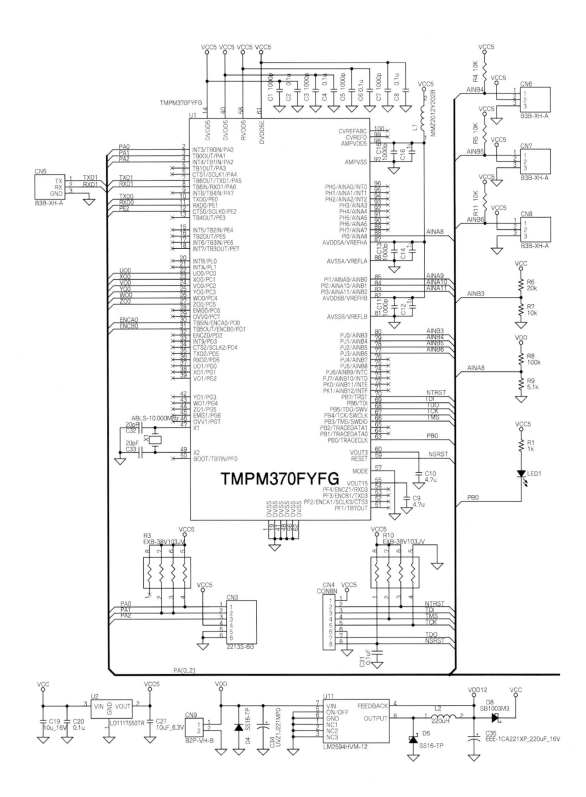

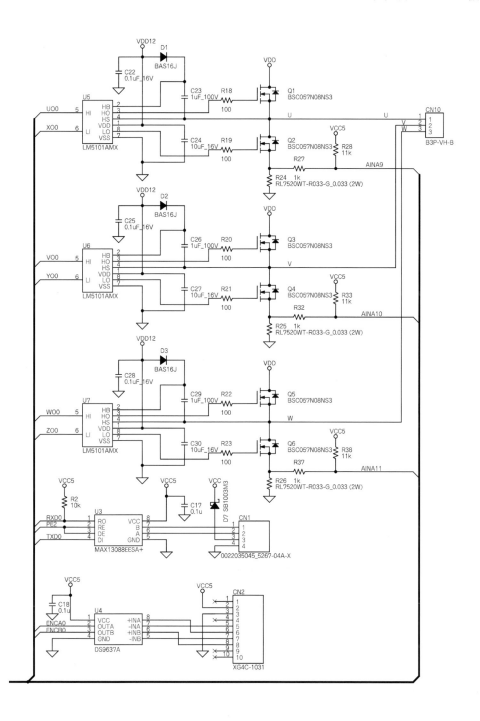

〈図9-1〉
位置決めサーボ基板
T370POSの回路

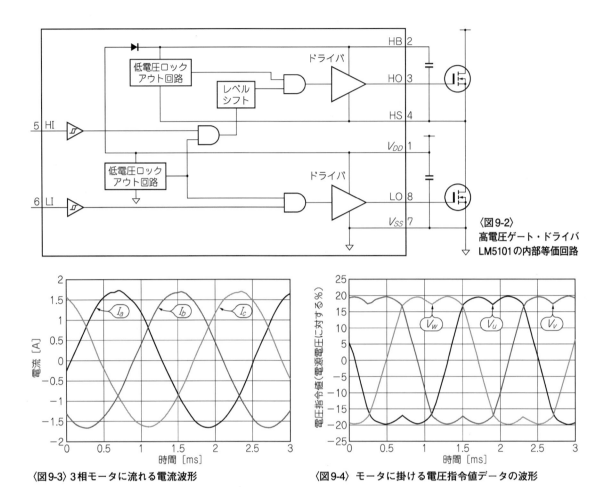

〈図9-2〉
高電圧ゲート・ドライバ
LM5101の内部等価回路

〈図9-3〉3相モータに流れる電流波形

〈図9-4〉モータに掛ける電圧指令値データの波形

として入力しています.

　モータ駆動電圧 V_{DD} を AD 入力端子 AINA8 で，制御回路用電源 V_{CC} を AINA3 で監視しています.

● サーボ基板 T370POS の駆動特性

　TMPM370を使った制御では，ベクトル制御の演算の大部分をハードウェアで実行するので，動作の状態を外から観察するのは容易ではありません．第8章のプラットフォーム基板でのデータ取得では，角周波数以外はあっさりと断念しました．しかし，本章の基板の特性試験では工夫を凝らして実際に特性データを取りました.

　図9-3は3相モータのコイル電流 I_a，I_b，I_c をグラフにしたものです．PWMの繰り返し周波数ごとの測定データのすべてを継続的にUART経由でマイコンの外に取り出すのは不可能です．しかしTMPM370に内蔵しているSRAMの一部を使って測定データを記録し，あとでゆっくり取り出す方法によって，短時間のデータを取り出すことができました．**図9-3**はこの方法で取得したデータをExcelでグラフ化したものです.

　これはTMPM370内蔵のA-Dコンバータがベクトル制御の演算のために取り込んだ実際の電流値を

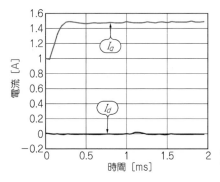

〈図9-5〉
ブラシレスDCモータを
ベクトル制御駆動した時の
電流(I_d, I_q)波形

記録したものです．もちろん，SRAMの容量はわずかですから，長時間の記録はできません．モータ回転のほんの1サイクル強の時間です．

同様にして電圧指令値を記録したのが**図9-4**です．ベクトル制御の教科書ではこのような波形を見たことはありますが，実際に動いてるベクトル制御基板の実測データとして観察したのは初めてです．**図9-3**の電流値と**図9-4**の電圧指令値を同時に記録するメモリ容量はないので，その都度プログラムを書き直して取得したデータです（このときの電源電圧は40V）．

図9-5は，モータの回転軸を固定した状態のブラシレスDCモータをベクトル制御駆動した時の，I_d, I_qを測定したデータです．モータが

定電流＝定トルク

で安定している状態が読み取れます．

ベクトル制御で駆動中のシステムの各パラメータを実測して確認することができれば，開発に大いに役立つことはいうまでもありません．第8章のモータ開発プラットフォームも，次のバージョンではもう一度，制御パラメータを読み出す工夫をしてみたいと考えています．

9-3 位置決め制御プログラムのフローチャート

図9-6（a）は位置決めサーボ基板のプログラムのフローチャートです．モータ起動時に1回のみ，ホール・センサの立ち上がりの割り込みを使って，ホール・センサとエンコーダからロータの位置を正確に計算しています．

ベクトル・エンジンのPWM演算は20kHzの割り込みに同期して行っています．また1msの割り込み処理により，

▶エンコーダから回転速度の計算
▶位置制御
▶速度制御

を行っています．

図9-6（b）は試作プログラムの制御ブロック構成図です．

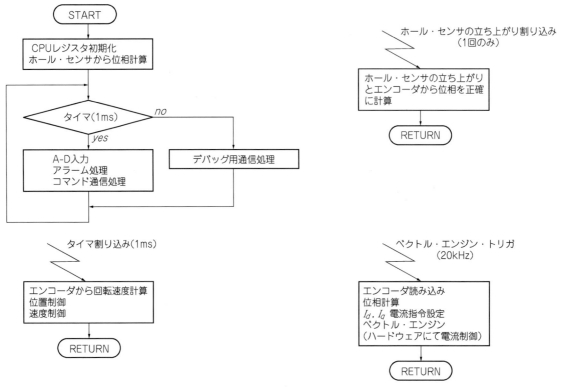

（a）位置決めサーボ基板のプログラムのフローチャート

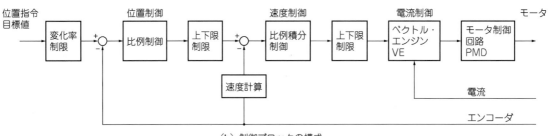

（b）制御ブロックの構成

〈図9-6〉 **ブラシレスDCモータの制御基板のソフトウェア**

■ クランプ型3相電流センサの試作

　ブラシレスDCモータのベクトル制御開発において，正確な電流を計測することは重要です．モータの研究開発では，電流計測が重要な意味をもっています．

　写真9-Aは筆者が依頼を受けて開発したクランプ型電流センサです．**図9-A**にブロック図，**図9-B**に回路図を示します．電源は＋12V単電源で，ケース右下のDCジャックから状況に応じて次のいずれかの方法で供給します．

① 商用電源（交流100V）
　　ACアダプタ（12V，0.5A出力）
② 電池電源
　　10V ～ 16V（鉛バッテリなど）
③ 車のシガレット・ライタ・ソケット

　フルスケール・ゲインは1.5A，15A，150Aのいずれかをスライド・スイッチで選択しま

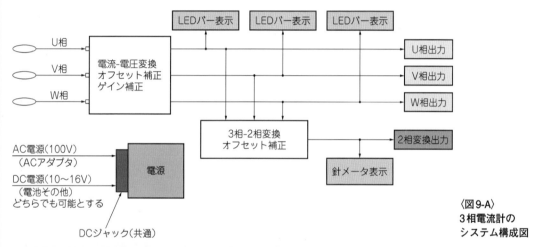

〈図9-A〉
3相電流計の
システム構成図

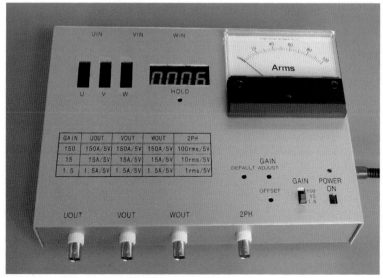

〈写真9-A〉
クランプ型電流センサ＆アンプ
（ブラシレスDCモータのベク
トル制御開発の必需品）

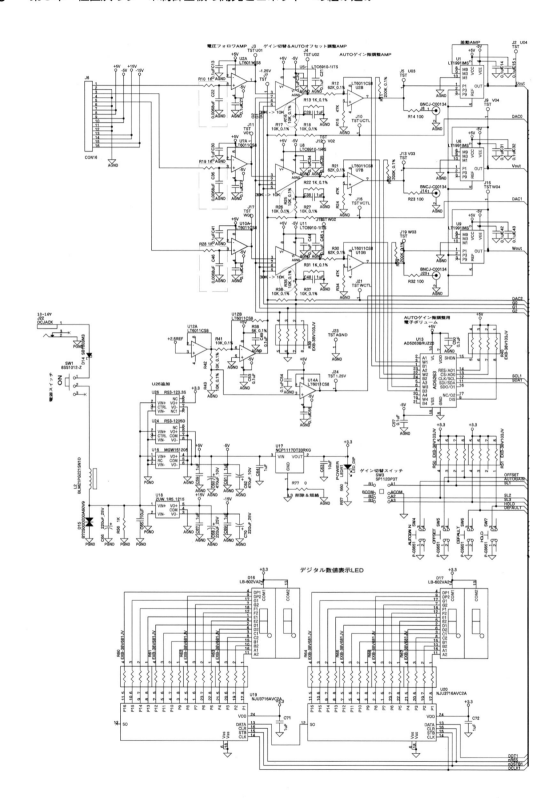

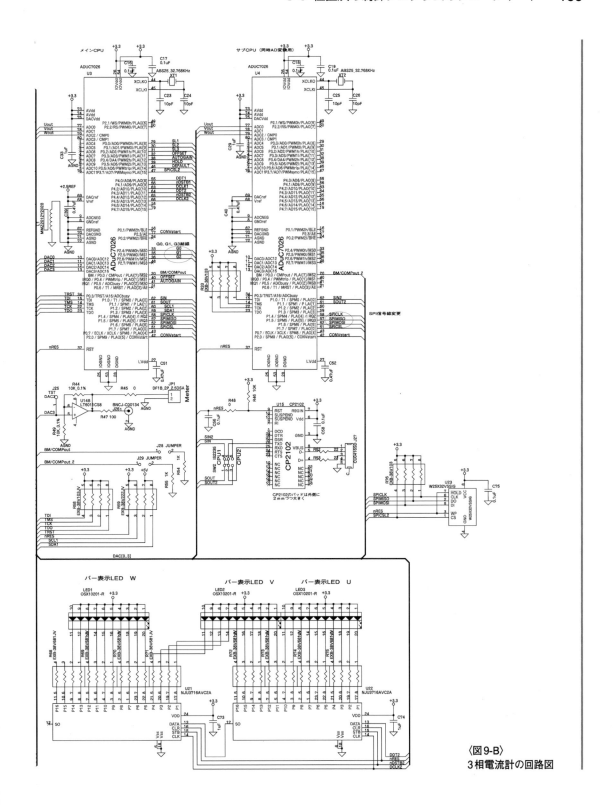

〈図9-B〉
3相電流計の回路図

す．このスイッチにより内蔵のアナログ・ゲイン・アンプのゲインを切り替えます．

　クランプ・センサは

▶ CT9691（**写真9-B**）
　　± 5V電源（日置電機製）

▶ HCS-16-100APCLS（**写真9-C**）
　　± 15V（URD製）

のいずれかをリア・パネルのコネクタに3本セットで接続すると自動的に切り替わります．

　いずれもホール素子を使った広周波数帯域型の電流センサです．このタイプの電流センサは直流から10kHzの交流電流を正確に測定できるのが特徴ですが，ゼロ・ドリフトがあるのが難点です．

　正確な測定が必要な場合は，測定前にゼロ調整とゲイン調整を行う必要があります．従来は手動で行っていたのですが，**写真9-A**の試作機はARMマイコンを2個搭載し，ワンタッチ操作のオート・ゼロ調整機能とオート・ゲイン調整機能を搭載しました．

　測定するモータ回路の電源をOFFにした状態で電流センサの電源を入れ，【OFFSET】を押すとその時の入力電圧がゼロになるようにオフセット値が自動調節されます．この値は内蔵のフラッシュROMに記憶されるので，電源を切っても保存されます．

　オート・ゲイン調整は，クランプ・センサの各相に次の電流を流した状態で，【GAIN ADJUST】を押すと自動的にゲイン補正値がセットされます．

▶ 150Aレンジの時　　　　50A
▶ 15Aレンジの時　　　　10A
▶ 1.5Aレンジの時　　　　1A

　このゲイン補正値もフラッシュROMに記憶されるので，電源を切っても消えません．

　オート・ゼロ調整，オート・ゲイン調整で設定された値を初期値に戻したい時は，【DEFAULT】を押します．この自動調整機能は，ゲイン（150A，15A，1.5A）ごとに最適値が設定されます．

　フロント・パネルのBNCコネクタには150A，15A，1.5Aの各フル・スケール値を0 ～ 5Vに換算した電圧値が出力されます．

　内蔵のマイコンで計算した3相電流の実効値は，BNC端子に0 ～ 5Vの換算値で出力されます．またこの実効値は針メータにも表示されます．

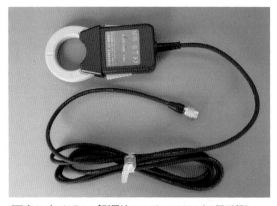

〈**写真9-B**〉クランプ型電流センサCT9691（日置電機）

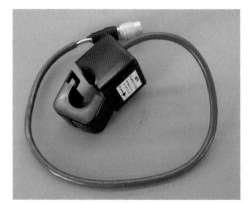

〈**写真9-C**〉クランプ型電流センサ
HCS-16-100APCLS（URD）

索引

―――――――― 著者紹介 ――――――――

江崎 雅康 (えさき・まさやす)

1948年　岐阜県羽島市 に生まれる

1970年　京都大学工学部電気工学第Ⅱ学科(坂井研究室) 卒業

1970年　三洋電機株式会社入社. 2005年まで情報機器, 太陽エネルギー利用機器, 介護機器(身体障害者介助ロボット, 体温自動調節機), 冷熱機器(吸収式冷凍機マイコン制御, マイクロ・コンプレッサ), FA機器(高速画像検査装置), 通信機器(機器組み込み型SS無線)などの研究開発に従事

2005年　株式会社イーエスピー企画代表取締役就任. 新幹線「岐阜羽島」駅前の中古ビルを購入して会社を移転. 新幹線の足回りを生かして事業展開. 文部科学省 知的クラスタ創生事業「聴覚機能支援システム」, 「高齢者ベッドモニタリングシステム」, 経済産業省 戦略的基盤技術高度化支援事業「リアルタイム産業機械向けエミュレータ」, 「並列画像処理技術による産業用高精細スクリーン印刷マスク検査装置の開発」, 総務省SCOPE「県産ブランド牛肉付加価値向上のための携帯型牛肉おいしさ測定端末の研究開発」など委託事業により若手社員の技術スキル向上をはかりつつ, 事業化を進めている. 組み込みマイコン制御, 高速画像処理, モータ制御を柱に画像位置決め装置, 高速画像検査装置など産業界向け事業に力を注ぐ.

1989年からCQ出版社のトランジスタ技術誌, Interface誌, Design Wave Magazine誌などにペンネーム 吉田幸作で執筆. 2006年から始めたOJT型研究会『土日システム開発部』は現在も続く.

小柴 晋 (こしば・すすむ)

現在　東芝マイクロエレクトロニクス(株)アナログ・システムLSI統括部ミックスシグナルコントローラ応用技術部勤務.

石郷岡 伸行 (いしごうおか・のぶゆき)

1964年　青森県弘前市に生まれる

1984年〜1990年　山形大学工学部高分子科学系　高分子膜に関する研究室で学ぶ

1990年〜現在　東芝マイクロエレクトロニクス(株)にて, 東芝製マイクロコンピュータで動作する小物家電, 充電器等のソフト開発を担当. 現在は, モータ制御マイコンの企画, 拡販, 顧客サポートを担当している.

坂本 元 (さかもと・はじめ　工学博士)

1967年　和歌山県田辺市に生まれる

1985年〜1989年　上智大学理工学部電気・電子工学科　生体計測の研究室で学ぶ

1989年〜2000年　川崎重工業株式会社で大型機械を動かす制御ソフトを担当し, 制御ソフトウェアの設計・開発・現地調整を経験する

2002年〜現在　有限会社はじめ研究所を設立して, ヒューマノイド・ロボットの開発を始める. 現在は, 大阪市西淀川区の町工場とともに, 身長4メートルのコックピット内蔵型ヒューマノイド・ロボットを開発中である. ロボットや機械の運動制御を得意とする.

ブラシレス DC モータのベクトル制御技術 [オンデマンド版]

2013年 5月 1日　初版発行
2015年 9月 1日　第3版発行

2022年 3月15日　オンデマンド版発行

© 江崎 雅康 / 小柴 晋 / 石郷岡 伸行 / 坂本 元 2013
（無断転載を禁じます）

ISBN978-4-7898-5298-2

定価は表紙に表示してあります．

乱丁・落丁本はご面倒でも小社宛てにお送りください．
送料小社負担にてお取り替えいたします．

表紙デザイン　アイドマ・スタジオ（柴田 幸男）

著　者　江崎　雅康 / 小柴 晋
　　　　石郷岡　伸行 / 坂本 元

発行人　小澤　拓治

発行所　CQ出版株式会社

〒112-8619　東京都文京区千石 4-29-14

電話　編集　03-5395-2123
　　　販売　03-5395-2141

印刷・製本　大日本印刷株式会社

Printed in Japan